NOUVELLE
MÉTHODE DE CULTURE

PAR

M. L. GOETZ

AGRICULTEUR ALSACIEN

COMMUNICATIONS A L'ASSEMBLÉE NATIONALE

Appuyées d'une démonstration, prouvant qu'en France les prix
de revient de la viande et des céréales peuvent être réduits de moitié
en peu d'années.

CET OPUSCULE FAIT SUITE AUX BROCHURES PUBLIÉES EN 1871 ET 1872,
QUI TRAITENT DE LA PREMIÈRE PARTIE DE LA MÉTHODE.

PRIX : 3 FRANCS

Pour la recevoir *franco* en France, adresser 3 fr. 40 en mandat sur la poste
On peut aussi payer en timbres-poste.

Cette brochure n'est distraite des brochures réunies en un volume que pour
MM. les Souscripteurs qui ont déjà les brochures de 1871 et 1872.

Le seul lieu de vente est au domicile de M. Meynier, *boulevard de la Tour-Maubourg, 74*

Tout exemplaire vendu ailleurs sera réputé contrefait, lors même qu'il porterait la signature de l'auteur qui, dans ce cas, doit être considérée comme fausse.

LE BUREAU DE CORRESPONDANCE EST ÉGALEMENT A PARIS, BOULEVARD DE LA TOUR-MAUBOURG, 74.

PARIS

TYPOGRAPHIE MORRIS PÈRE ET FILS

64, RUE AMELOT, 64

1874

NOUVELLE

MÉTHODE DE CULTURE

Amenant toute Terre cultivable de basse valeur
à la plus haute fertilité, sans faire supporter aucune charge au sol
amélioré, et obtenant ainsi les produits agricoles
aux prix de revient les plus réduits.

EXPLICATIONS

AU SUJET DE L'ORDRE DE MES PUBLICATIONS,
DEVENUES NÉCESSAIRES EN RAISON DES RETARDS QU'ELLES
ÉPROUVENT.

En parlant, en tête de cette brochure, des lettres qu'en février et juillet 1873 j'ai adressées à M. le Président de la Réunion libre des Agriculteurs de l'Assemblée nationale, —je tiens à soumettre au Gouvernement et à l'Assemblée nationale toutes les pièces qui attestent de mes efforts pour être utile à mon pays.

Mes souscripteurs y verront que la maladie seule m'a empêché, jusqu'aujourd'hui, de publier la deuxième partie de ma méthode, que j'avais promise pour l'année 1873.

Vers la fin de 1872, j'ai failli perdre la vue, par suite d'une congestion sur les yeux. Une deuxième attaque, survenue dans le courant de février 1873, et dont je souffre encore, est la cause, non-seulement de ce retard, mais encore de la nécessité dans laquelle je me trouve de restreindre ma participation personnelle et les démonstrations — dont parle ma première brochure (pages 18 à 24), aux seules propositions que j'ai l'honneur de faire aujourd'hui par ma Communication à l'Assemblée nationale.

Par ces motifs, et en attendant la publication de la deuxième partie de ma méthode, j'invite tous mes imitateurs à se conformer strictement à mes conseils, et à n'entreprendre aucune application en grand, tant qu'ils n'auront pas fait minutieusement les essais que je recommande au sujet de mes prairies, et qu'ils n'auront pas pris connaissance de la deuxième partie de ma méthode, — sans laquelle ils ne peuvent arriver aux résultats que j'annonce. — Elle paraîtra, je l'espère, dans les premiers mois de l'année 1875.

Je juge utile d'expliquer à mes lecteurs la marche

que ces causes diverses m'obligent de suivre pour la publication complète de ma méthode.

J'ai dû restreindre la publication de 1872 :

— Au simple énoncé des moyens dont je me sers pour amener toute terre à la plus haute production;

— A communiquer les expériences faites publiquement, à l'effet de faire connaître des faits pouvant frapper l'esprit des hommes sérieux et pratiques;

— A communiquer quelques pièces énonçant l'opinion d'hommes autorisés et d'hommes pratiques ,

— Et j'ai terminé cette brochure en faisant connaître les essais préalables de création de prairies à faire, — essais qui ne doivent pas durer moins de deux ans, — si mes imitateurs veulent être assez édifiés pratiquement sur leur importance, — et sur les modifications auxquelles, les localités si différentes de la France, obligent le cultivateur de recourir, — pour exploiter mes prairies dans les meilleures conditions.

Il est telle province où l'on peut rentrer les premières coupes un mois et six semaines plus tôt que dans d'autres, — tout comme, dans des conditions identiques, il y a souvent lieu de varier la composition des prairies, afin de pouvoir faire les coupes à des dates variables et en rapport avec les conditions climatériques particulières à certains lieux; — ce que des études d'applications des localités peuvent seules faire connaître aux exploitants, en attendant que tardivement l'expérience le leur apprenne par les faits.

Ainsi la brochure actuelle, n'est pas seulement un travail complémentaire de la première, — mais elle est indispensable pour expliquer au pays et à l'agriculture, en général, — la grande utilité des communications de la première brochure.

En effet, ma brochure de 1872 explique bien en quoi consiste la différence de mes prairies avec celles en pratique, mais la brochure actuelle achève d'en faire ressortir l'importance, en donnant une des applications de la méthode, qui prouve le rôle que la prairie doit remplir dans la transformation intégrale des prix de revient de tous les produits de la terre :

— Transformation qui va constituer un ordre nouveau, et aura pour effet, non-seulement de réduire les cours des denrées alimentaires, mais elle aura aussi pour conséquence d'amener à la réduction des prix de revient des produits industriels ; — et, chose remarquable, cet ordre nouveau s'opérera — par l'exploitation des terres qui, jusqu'à ce jour, constituaient le cultivateur en perte à la moindre mauvaise année.

— A cet effet, je fais figurer dans cette brochure — une partie d'une démonstration dont l'ensemble se trouve dans la deuxième partie de la méthode, mais que je donne dans cette publication pour attirer l'attention du Gouvernement et de l'Assemblée nationale, — sur la nécessité de prendre, dès à présent, des mesures qui permettront la mise immédiate en pratique de mes deux propositions.

———

La deuxième partie de la méthode, que j'espère publier en 1875, entrera dans tous les détails,

— De mon mode d'exploitation de la vacherie, de l'élève et de l'engraissement ;

— De mes différentes manières de créer et d'exploiter mes prairies, — la betterave, — le maïs et le seigle,

— De ma manière d'ameublir profondément toute terre par le concours réuni de mes assolements, — de mes engrais verts à racines pivotantes, — et de mes fumiers : — manières différentes d'exploiter mes cultures qui ont pour résultat d'obtenir sur toutes les terres entièrement améliorées par la méthode, une bonne récolte moyenne par les années les plus sèches, comme par les années les plus humides; — *situation nouvelle qui rendra une famine impossible, — en tant que l'art le peut.*

Dans cette brochure, j'expliquerai — mon système économique de drainage, par lequel j'enlève les eaux, avant qu'elles puissent nuire, pour les faire servir aux irrigations où il y a lieu, — et, contrairement au système de drainage qui enlève indistinctement toutes les eaux, — je dispose de ces eaux, — après en avoir empêché l'effet nuisible; — et, suivant les cas et la nature des terres, — ce sont les terres ainsi traitées qui deviennent mes plus productives, par les dispositions que j'indiquerai dans la deuxième partie de ma méthode.

Dans cette même brochure, je traiterai aussi de mon système d'engrais verts pour la vigne, — *système qui, avec une faible dépense, donne l'engrais à volonté,* — dispense des frais de transport auxquels les fumiers donnaient lieu, — et modifie la nature des terres qui, se durcissant après les fortes pluies, ont surtout le fâcheux effet — de retarder la maturité et de donner des vins peu généreux, lorsque les années ne sont pas favorables, — parce qu'elles interceptent la communication libre de l'air avec les racines, et les privent ainsi des effets bienfaisants, — des rosées et des petites pluies qui, dans ces cas, sont insuffisantes pour tremper complétement le sol.

Dans mon exploitation, j'avais six hectares de vignes. Par les années froides, dont les vins n'étaient pas généreux, j'ai toujours obtenu de bons vins, par les moyens que ma brochure fera connaître. J'y expliquerai les expériences auxquelles je me suis livré. — Elles prouveront, qu'il n'y a aucun moyen connu en pratique, qui puisse augmenter — aussi généralement, — et avec aussi peu de dépenses, — la quantité et la qualité des vins — que mon système de fertiliser la vigne.

En 1848, — j'ai obtenu une quantité triple de vin et

une maturité plus hâtive — sur une partie de ma vigne, ayant une terre où l'argile dominait et se durcissait. Cette terre qui, expérimentalement, avait reçu des enfouissements verts équivalents à ceux de huit années, avait, en 1848, un sol parfaitement meuble; c'est de la sorte qu'elle a profité de tous les avantages de l'année, — tandis que la partie contiguë, bien moins chargée par la taille a, non-seulement produit moins de fruits, mais les raisins ont eu un retard de quinze jours sur les premiers.

J'expliquerai aussi mon procédé d'utiliser ma vendange qui, après avoir fourni par un premier pressurage la plus forte partie de son jus, — peut encore donner une boisson généreuse, et même un vin secondaire; — suivant qu'on fait emploi de l'une ou de l'autre de mes deux manières de traiter la vendange.

Je fertilise aussi *les arbres à fruits de toute espèce* avec mes engrais verts; mes études d'applications prouveront qu'on peut en tirer un parti très-avantageux pour le mûrier, l'olivier, etc., etc.

Ma manière de faire le cidre diffère également de celle généralement en usage, et mes produits sont d'une qualité tout à fait remarquable.

Ces explications permettent d'apprécier l'importance de l'étude des différentes régions de la France, — études que j'ai offert de faire, afin de pouvoir modifier mes enseignements et indiquer les assolements qui satisferont le mieux à leurs exigences.

Si, comme j'en ai la conviction, on me rend ces études possibles, — ma publication de 1875 contiendra déjà les conseils les plus indispensables.

ORDRE DES MATIÈRES

CONTENUES DANS CETTE BROCHURE.

Lettres à Monsieur le Comte de BOUILLÉ, Président de la Réunion libre des Agriculteurs de l'Assemblée nationale, que je reproduis ici, je le répète, afin de réunir dans cette brochure toutes les pièces qui affirment mes efforts pour faire profiter ma patrie d'option des avantages de ma méthode d'améliorations agricoles.

<center>~~~~~~~</center>

Première lettre à la date du 6 février 1873.

MONSIEUR LE PRÉSIDENT,

La Réunion libre des Agriculteurs de l'Assemblée nationale s'est imposée, ainsi que son titre l'indique, l'obligation de représenter tout particulièrement les intérêts de l'Agriculture.

Certain que ma communication sera bien accueillie, j'ai l'honneur de vous adresser, Monsieur le Président, quelques exemplaires d'un travail qui expose les principes de ma *Méthode d'améliorations agricoles, et donne les enseignements indispensables pour établir* mon système particulier de prairies naturelles, — *dans toute culture, sans charge nouvelle pour le sol.*

Les faits rapportés et les pièces citées dans cette brochure — ainsi que celles que je me propose de communiquer à la commission, avec laquelle je demande à être mis en rapport, démontrent :

Que ma méthode d'améliorations peut être facilement introduite dans nos cultures, et que les nombreux fumiers qu'elle procure auront pour effet, — de les amener successivement à nous donner des récoltes plus abondantes et plus certaines. Le cultivateur pourra, de la sorte, livrer ses productions à des prix inférieurs, puisqu'elles ne seront plus obtenues, comme aujourd'hui, au moyen de prix de revient toujours croissants.

Cette première modification sera réalisée par mes

prairies hautes, à l'abri des inondations, et qui, ne nécessitant point d'irrigations, donnent néanmoins *deux coupes* abondantes de foin avant les chaleurs. — Dans les années ordinaires, leurs récoltes varient de 10,000 kilog. à 15,000 kilog. par hectare, plus un fort regain suivi d'un pâturage. — Dans les années les plus sèches, leur rendement n'est pas inférieur à 6,000 kilog.; et, suivant les lieux et les terres, il s'élève encore à 10,000 kilog., plus les produits de l'arrière-saison.

Avec ce produit considérable de fourrage, le cultivateur nourrit de deux à trois têtes de gros bétail par hectare, et il en emploie le fumier à porter la prairie à sa plus haute fertilité. Il accroît ainsi promptement ses bénéfices nets, et non-seulement il rentre dans ses dépenses dans l'espace d'une moyenne de quatre ans, mais il en obtient un résultat bien plus important encore, puisqu'à partir de la troisième ou de la quatrième année, il peut disposer de la moitié, au moins, de son fumier, en faveur d'autres améliorations.

Ce dernier effet prouve que: — vulgariser ma méthode, — c'est mettre le fumier, sans prix de revient, à la disposition de l'agriculture; mais je dois faire observer que, — comme application générale et pour obtenir ce résultat dans la proportion des besoins de toutes les cultures, il faut encore: — le concours des assolements de la méthode; proportionner l'étendue des prairies aux autres cultures, enfin se conformer en tous points aux enseignements du système par une exploitation intelligente.

... Pour, dès à présent, donner de ma méthode une idée plus complète que ne le comporte cette brochure, j'ai aussi l'honneur de vous faire observer, Monsieur le Président, que si, en vue d'un intérêt agricole, j'ai, en 1872, jugé nécessaire d'intervertir l'ordre de communication de mon travail, en publiant, par anticipation, certains documents que je reproduis en tête de ladite brochure et avant mon *article prairie* — de même, aujourd'hui, en ne traitant encore que des moyens d'établir mes prairies, — je juge utile d'extraire de ma prochaine publication deux pièces qui ont pour but d'affirmer par des faits les déclarations qui précèdent.

INDICATIONS

DE CE QUE CHACUNE DE CES DEUX PIÈCES DOIT JUSTIFIER.

MATIÈRES DE LA PREMIÈRE PIÈCE.

Elle prouve — par des documents d'une authenticité incontestable — non-seulement que 10,000 kilog. de foin par hectare ou leur équivalent en herbe — (4 kilog. d'herbe verte pour 1 kilog. d'herbe sèche), — plus les fourrages de l'arrière-saison, regain compris, — sont des productions fourragères qui deviennent possibles partout, par les procédés de création et d'exploitation de mes prairies, — mais elle prouve encore que : tout cultivateur intelligent peut facilement arriver, dans les années ordinaires, à une moyenne de 15,000 kil., plus les fourrages de l'arrière-saison, et que, — en ne prenant pour base de cette démonstration que 10,000 kilog., plus les produits de l'arrière-saison, on doit considérer la différence de 5,000 kilog. par hectare comme une réserve que, par prudence, je ne fais pas entrer en ligne de compte, afin de mieux garantir la tenue fructueuse d'un nombreux bétail contre toutes les éventualités atmosphériques, sauf à en disposer en partie ou en totalité, s'il n'y a pas eu d'accident, lors des récoltes.

Ma méthode étant d'une application générale, cette réserve doit être considérée comme m'étant imposée, — tant que des études des différentes régions de la France ne seront pas faites ; parce que ce n'est que par mes rapports avec les cultivateurs de chaque région que je puis être assez renseigné, pour déterminer d'avance les assolements qui conviennent le mieux pour chaque localité afin de remédier, autant que possible, à tous les accidents et obtenir plus de bénéfices nets.

MATIÈRES DE LA DEUXIÈME PIÈCE.

Celle-ci est une application de mon système de culture par l'introduction d'une de mes prairies sur une terre de la plus basse production, — ne donnant que 10 hectolitres de froment à l'hectare, ne disposant de fumier de bétail que dans la proportion de celui d'une tête pour trois hectares, et ne recevant même pas d'autres engrais, mais supposée composée de sols de toute nature, pour me permettre d'y faire un choix pour mes premières créations de prairies. Dans ces conditions, j'y démontre d'une manière pratique, — *et non par des chiffres toujours contestables, — que je porte le sol à la plus haute production dans le cours de dix à quinze années,* et qu'alors cette terre produira, non-seulement des récoltes égales à celles de nos bonnes cultures, mais que ces récoltes.y seront encore obtenues à des prix de revient d'autant plus réduits, comparés à ceux des cultures précédentes, que la terre améliorée avait moins de fertilité avant sa mise en état de prairie.

Par cette démonstration, il sera prouvé, de plus, que, loin d'augmenter les charges du sol, comme cela a lieu aujourd'hui, non-seulement il n'en supportera pas de nouvelles, mais que — la transformation d'une terre de basse valeur portée à la plus haute production, par ma méthode, donne encore des bénéfices nets, considérables, dans le cours du bail.

A différentes reprises, j'ai dit qu'il est indispensable de faire des études d'application de mon système dans les diverses contrées de la France, si, avec des climats aussi variés, on veut mettre notre Agriculture à même d'obtenir, —dans toutes circonstances,—les hautes productions de toute nature auxquelles tend ma méthode.

Je ne saurais mieux faire ressortir l'importance de ces études et de mes assertions qu'en invitant mes lecteurs à prendre connaissance des pages 27, 28 et 42 de la brochure, publiée en 1872, où je me suis abstenu de profiter d'un droit acquis, afin d'être mis à même de me rendre plus utile à notre Agriculture en faisant une démonstration pratique, et sur une grande échelle, de tous les moyens que ma méthode emploie.

Par ces motifs, je dois faire observer que la démonstration dont je viens de parler ne serait même pas possible si je n'avais admis que les conditions, dans lesquelles elle est supposée devoir être faite, n'avaient été préalablement constatées par une étude des lieux déterminant le climat, la terre et la position de l'exploitant, — toutes choses fixant à ma longue expérience les moyens à employer.

J'avais promis de faire ces études sur la plus grande échelle : aujourd'hui mon état de santé me force à les restreindre. En conséquence, j'offrirai à Monsieur le Ministre de l'Agriculture de les faire dans la limite du possible, parce que j'ai la conviction profonde qu'elles sont indispensables, et que, sans une expérience que nul ne peut encore posséder, mais qui s'acquiert avec le temps, personne ne peut faire ces études **générales** à ma place.

En portant le fruit des labeurs d'une carrière agricole de plus d'un demi-siècle à la connaissance de la Réunion libre des Agriculteurs de l'Assemblée nationale, je désire aussi attirer l'attention de l'Assemblée nationale sur l'importance d'une question qui intéresse l'Agriculture au plus haut degré.

En conséquence, j'ai l'honneur d'adresser à chacun de Messieurs les Membres de la Réunion un exemplaire de la présente communication, en demandant à être mis en rapport avec une commission qui, après examen, me ferait les observations qu'elle jugerait nécessaires.

J'ose dire que je ne redoute aucune objection sérieuse, tellement ma longue carrière agricole m'a permis de reconnaître les avantages de mon système de culture.

Si, cependant, ce qui est possible, mon exposé n'était pas assez explicite, je le compléterais par des explications verbales, qui prouveront que je suis dans le vrai, et que je remplis un devoir envers mon pays en offrant à l'Assemblée nationale de devancer, par mes explications, la communication de ma prochaine publication; — voulant, en facilitant l'appréciation de celle-ci, — pouvoir affirmer que je n'ai omis aucun moyen pour attirer l'attention générale, sur mon système de culture; —(*et; s'il y avait lieu, je suis prêt à éclairer l'Assemblée nationale sur les menées qui, en dénaturant sciemment les faits, ont privé, depuis de longues années, le pays des avantages de ma méthode.*)

Dans cette même intention, je prie mes lecteurs de

prendre aussi connaissance de la communication faite à l'Académie des Sciences par un illustre savant, et des rapports d'hommes d'une autorité pratique incontestée, faits à la Société centrale d'agriculture de France par deux membres d'une commission chargée par elle de suivre les expériences rapportées dans ma brochure. Ce sont des pièces que je soumets à leur appréciation, non comme des certificats — (mes travaux se recommandent par eux-mêmes) — mais bien pour prouver que mes travaux ont été vérifiés scrupuleusement avant d'être affirmés par des pièces, dont les auteurs ne sont pas prodigues.—(Ces pièces sont reproduites pages 49 et suivantes, et 34 à 42.)

Agréez, Monsieur le Président, mes civilités respectueuses.

L. GOETZ,

Agriculteur alsacien, Français d'option,
Boulevard de la Tour-Maubourg, 74.

———

A Monsieur le Comte de BOUILLÉ.

Monsieur le Comte,

En votre qualité de Président de la Réunion libre des agriculteurs de l'Assemblée nationale, j'ai eu l'honneur de vous adresser, le 6 février dernier, six brochures de ma publication *Nouvelle Méthode de culture*, ainsi qu'une communication, comme à tous les membres de cette Réunion (1).

J'ai cru cette démarche, de déférence, convenable, avant de m'adresser à l'Assemblée nationale, et je comptais me présenter à la Réunion quelques jours après. Mais atteint instantanément, et pour la deuxième fois, d'une congestion sur les yeux, — cinq mois de maladie et de convalescence m'ont mis dans l'impossibilité de réaliser mon projet.

Je suis à peu près rétabli, mais les ménagements à observer rigoureusement, pour ne pas m'exposer à perdre la vue, m'interdisent toute occupation ; je n'aurai l'honneur de me présenter à votre Réunion qu'au retour des vacances de l'Assemblée nationale.

Veuillez, Monsieur, être assez bon pour faire part à messieurs vos Collègues de cette nécessité triste pour moi.

Agréez, je vous prie, Monsieur le Comte, les civilités empressées et l'assurance des sentiments de gratitude de votre très-humble serviteur.

L. GOETZ,

Boulevard la Tour-Maubourg, 74.

Paris, le 6 juillet 1873 (2).

————

(1) NOTA.— Par suite d'une continuation de maladie, mes propositions sont restreintes aujourd'hui à celles faites dans ma communication à l'Assemblée nationale, sous la date du 17 août 1874.

(2) Ma maladie s'étant prolongée, je n'ai pu donner suite à cette lettre.

JUSTIFICATIONS DE LA PREMIÈRE PIÈCE.

Pour satisfaire à mes engagements et prouver, jusqu'à la dernière évidence, — que les rendements de 10,000 et 15,000 kil. de foin par hectare de mes prairies, rapportés dans ma brochure de 1872, — et rappelés dans ma lettre à MM. les membres de la Réunion des Agriculteurs de l'Assemblée nationale, — peuvent être obtenus dans toutes les parties de la France, — il me suffit de communiquer les extraits des mémoires publiés en 1860 et 1861, qui rapportent les expériences faites sur environ 25 hectares de sables secs et terres des plus inférieurs des domaines de la couronne, tant en Sologne qu'à Rambouillet, et d'expliquer les conséquences qu'on en doit tirer.

En effet, lorsque j'ai demandé qu'on fît choix, pour mon expérimentation, de terres et sables dans les conditions les plus défavorables pour l'établissement de prairies, — j'avais pour but de rendre indiscutable la réussite de mon système, — partout où son application serait faite conformément à mes instructions, c'est-à-dire partout où, au lieu d'opérer dans les conditions les plus contraires, — ainsi que je le faisais, — on choisirait des sables ou terres de bonne qualité, ou déjà améliorés par mon système, — afin d'assurer des récoltes abondantes sous tous les climats, et même par les années les plus sèches (1).

Nota. — Je dois faire observer que les terres soumises aux expériences, que je rapporte d'autre part, ont été ensemencées en automne 1858; — que la 1re récolte a été faite en 1859,—année exceptionnellement sèche, et qu'elles ont néanmoins fourni d'abondantes récoltes, — alors que les cours des fourrages en France se sont élevés à 50, 60, 70 francs, par suite de leur rareté.

---

(1) Ces expériences ont été suivies par une Commission de la Société d'agriculture de Paris, et par M. Vicaire, administrateur des domaines de la Couronne. — Je crois devoir ajouter que je n'engage personne à opérer contrairement aux règles que je prescris. Il m'a fallu toute mon expérience, et la certitude de pouvoir parer à toutes les éventualités, pour faire une démonstration dans ces conditions.

Note insérée au MONITEUR *du 24 juin* 1859.

Cette communication avait pour but d'inviter les agriculteurs à venir reconnaître les résultats obtenus. On
avait laissé une partie des récoltes sur pied. De plus, on
pouvait — à l'aide du registre constatant les pesées et des
meules de fourrages, — se rendre un compte exact de l'importance des récoltes.

SOLOGNE (Année 1859) (1).

« Prairie où l'Empereur s'est fait expliquer la méthode.
» La coupe du 8 juin a fourni 1265 bottes de
» 5 kil. par hectare, soit................   6,325 k.
» Le sol de cette prairie est un sable noir,
» aride et très-léger.
» Prairie fauchée le 13 juin, 1802 bottes de
» 5 kil., soit........................   9,010 k.
» Cette partie a une terre meilleure.

» Prairie à côté, fauchée le 13 juin, 1542
» bottes de 5 kil., soit................   7,710 k.
» Prairie de la Fontaine, fauchée le 5 juin,
» 1,116 bottes de 5 kil., soit ....   5,580 k.
» Le sol de cette prairie est un pur sable
» blanc, aride.
» Prairie créée en 1857, fauchée le 13 juin,
» 2052 bottes ....   10,260 k.

NOTA. — La moyenne de cette dernière prairie n'est
réellement que de 1,500 à 1,600 bottes de 5 kil. — On a
choisi la plus belle moitié de la prairie, afin qu'il fût établi:
— que si cette prairie avait eu la même composition de
plantes et eût été également garnie, dans toute son étendue, —les 10,000 kil. par hectare que je devais justifier en
plusieurs coupes, auraient été obtenus en une seule coupe.

A la page 29 de la première brochure, j'explique pour
quels motifs je ne rapporte que les produits d'une coupe.

L'article du *Moniteur* rapporte aussi la 1ʳᵉ coupe des
prairies créées à Rambouillet. Par suite d'un ordre d'expérimentations, ces prairies ont été fauchées à différentes
dates, et en voici les résultats:

____

(1) Tous les produits indiqués représentent celui d'un hectare.

2

RAMBOUILLET, 1859 (1).

La 1re partie de la prairie de la Vénerie a été fauchée trois fois avant les chaleurs :

1re coupe, le 18 avril	5,245 k.
2e — le 7 juin..................	3,957
3e — le 27 juillet (l'herbe séchait sur pied)...................	2,026
Total par hectare....	11,228 k.

La 2me partie de la Vénerie, ayant le même sol, a été fauchée deux fois :

1re coupe, le 20 mai.................	8,260 k.
2e — le 25 juillet (l'herbe séchait sur pied..................	3,545
Total par hectare....	11,805 k.

Je prie mes lecteurs de prendre connaissance des détails relatifs à ces produits, — page 30 de la brochure publiée en 1872. Ils y verront que les pluies survenues en automne ont permis de constater un équivalent, en herbe verte, à une quantité d'herbe sèche de 2,280 kil. par hectare.

La coupe en a été faite le 20 décembre, saison humide. Par ce motif, on a compté qu'il fallait 5 kil. d'herbe verte pour un kil. d'herbe sèche.

Le sol de ces prairies est argilo-calcaire. La terre a 30 c. de profondeur meuble.

PRAIRIE DU CHAMP DE MANŒUVRES.

Le sol de cette prairie est un sable blanc sec.

La coupe du 20 mai a donné..............	5,565 k.
Celle du 25 juillet (l'herbe séchait sur pied), a donné	2,110
Total.............	7,675 k.

Après cette dernière coupe, le produit a été livré au pâturage, à cause du gibier.

---

(1) Je reproduis les expériences faites en Sologne et à Rambouillet, qui figurent aux pages 25 à 33 de ma brochure publiée en 1872, — afin de réunir dans celle-ci les renseignements nécessaires pour satisfaire aux justifications annoncées dans les communications qui précèdent.

OBSERVATIONS

SUR LES COMMUNICATIONS QUI PRÉCÈDENT ET CELLES
QUI SUIVENT.

On remarquera que la prairie du champ de manœuvres, bien que fauchée aux mêmes dates — que la 2me partie de la prairie de la Vénerie, — a produit 4,130 kil. de moins.

A dessein, j'avais donné la même quantité d'engrais, afin de faire ressortir — **les effets de sols différents.**

Outre les expérimentations qui précèdent, deux autres prairies sur sable sec, mais mélangé de terre, n'ont été fauchées qu'une fois. On a également livré leur produit au pâturage, à cause du gibier.

L'une a été fauchée le 11 juin ; elle a donné 6,115 kil.
L'autre a été fauchée le 14 juin, et a donné 6,410 kil.

Il est probable que, si l'on avait pu différer la coupe de ces deux dernières prairies jusqu'au 25 juillet, — alors que l'herbe des prairies de la Vénerie séchait sur pied, — on aurait pu obtenir, 9,000 et 10,000 kil. en une seule coupe, sur chacune de ces deux prairies. En effet, des 11 et 14 juin au 25 juillet, elles avaient encore quarante jours de végétation, et il a suffi de trente-cinq jours pour amener une coupe à un produit de 9,545 kil. — (V. p. 32 de la brochure publiée en 1872.)

Ce qui justifie encore cette assertion, c'est que la prairie de la Vénerie, sise à côté, a fourni, cette même année 1859, — 11,805 kil.

Ces rendements aux différentes coupes indiquent aux cultivateurs que, — suivant les années et la région de la France où ils cultivent, — il faut s'attacher à régler les coupes de manière à obtenir les meilleurs rendements. Je les invite donc instamment à prendre communication des détails pages 30 à 33 de la brochure publiée en 1872 et surtout de suivre exactement mes conseils.

RAMBOUILLET 1860 (Année ordinaire).

Prairie de la Vénerie.

J'avais promis de démontrer, en 1860, — que les produits de mes prairies pouvaient s'élever de beaucoup au-dessus de la moyenne de 10,000 kilog. par hectare, que j'avais indiquée.

Ayant été averti qu'en Sologne on n'observait nullement mes instructions au sujet des prairies que j'y avais créées, je dus en informer M. Vicaire (administrateur du Domaine de la liste civile), et je fus obligé de changer mon ordre d'expérimentation afin de prouver, en même temps, — que si on n'observait pas mes instructions, on perdrait mes prairies.

Je prie mes lecteurs de prendre connaissance de ce que je dis à ce sujet, — fin de la page 31 à la page 34 comprise, — et on aura la conviction que, sans les circonstances que j'y signale :

Le produit des deux coupes — dont l'une a été faite le 7 juin et a donné........................ 9,545
et l'autre le 26 août..................... 7,855

              Total............ 17,400

— eût pu être augmenté de 5,745 par une coupe qu'on aurait faite le 18 avril 1859, si j'avais donné en 1860, — comme en 1859, à temps voulu, — l'engrais nécessaire pour assurer une fertilité suffisante ; mais je n'ai donné l'engrais que le 2 mai, l'herbe n'avait que quelques centimètres, et ma première coupe n'a été faite que le 7 juin, — tandis qu'en 1859, cette prairie avait déjà fourni, en avril, une coupe de 5,745 kil.

Donc, au lieu de 17,400, j'aurais obtenu 22,645 (1).

Je rappelle ce résultat, très-probable, non pour m'en prévaloir, mais uniquement comme une simple observation, par la raison que le produit de 17,400 kil., plus

____

(1) On peut prendre connaissance, pages 31 à 34 de la brochure publiée en 1872, des motifs qui m'ont obligé d'agir ainsi, — pour garantir mes expérience contre les **effets d'une jalousie incompréhensible.**

la végétation de l'arrière-saison, — sont des résultats suffisants pour justifier mes assertions.

J'estime que ces explications suffisent pour qu'il reste
acquis que, — vu les conditions défavorables dans lesquelles mes expérimentations ont été faites, — il devient
positif qu'en faisant mes prairies conformément à mes indications, 15,000 kil. peuvent être récoltés avant les
chaleurs; et qu'on peut accepter 10,000 kil. et plus
comme la moyenne des années les plus sèches.

Cela résulte, au reste, de mes justifications de 1859,
année exceptionnellement sèche que je viens de rappeler.

Donc, il doit rester acquis qu'un cultivateur intelligent
peut compter sur une moyenne minima de 15,000 kil.
avant les chaleurs pour les années ordinaires.

Je termine cet article en déclarant, qu'ayant pour habi-
tude de justifier toujours plus et jamais moins que je ne
promets, — j'ai dû expliquer de la sorte les démonstrations
que j'ai faites de 1857 à 1860.

J'invite mes lecteurs à prendre connaissance de mes
observations, pages 87 et suivantes, au sujet de l'agriculteur
qui a récolté, cette année, par ses deux premières coupes, dans la proportion de 8,350 kil. sur la 1re expérimentation et de 9,000 kil. dans la 2me, reste la 3me qui
promet beaucoup.

MATIÈRES DE LA DEUXIÈME PIÈCE

*Ayant pour but de confirmer les assertions de ma com-
munication à l'Assemblée nationale et de celle adressée,
le 6 février 1873, à la Réunion libre des Agriculteurs
de ladite Assemblée.*

Pour satisfaire à mes engagements et donner, dès à
présent, des explications aussi complètes que possible sur
les résultats nouveaux qu'amènera dans nos cultures l'introduction de mon système d'améliorations agricoles, je
vais communiquer la première des applications que, à
partir de 1862, je devais faire avec le concours de la liste
civile (1).

---

(1) La brochure qui paraîtra en 1875 donnera les deux autres démonstrations
que je devais faire simultanément avec celle-ci. L'une d'elles devait être faite,
avec les simples ressources du fermier, auquel je succédais, et arriver néanmoins aux mêmes résultats, — mais avec plus de temps.

J'avais loué, à cet effet, une terre de 256 hectares, sise canton du Châtelet (Seine-et-Marne). Le fermage était de 25 fr. l'hectare, avec droit d'en devenir propriétaire, dans le cours du bail de dix-huit ans, moyennant 200,000 fr. A côté de cette terre se trouvaient de grandes étendues que je pouvais affermer moyennant le prix de 15 francs l'hectare.

Par l'étude minutieuse des lieux à laquelle je m'étais livré, j'avais acquis la conviction que, — en raison des différentes modifications auxquelles la démonstration, que je comptais faire, sur cent hectares de cette ferme, se prête, — il est peu de contrées où elle ne puisse être appliquée, et où elle n'amènerait aux mêmes effets, c'est-à-dire, — qu'elle porte toute terre de basse production à la plus haute fertilité, sans imposer aucune charge nouvelle au sol.

Pour bien faire ressortir l'importance de cette démonstration, je crois utile de donner quelques détails sur l'ancienne exploitation de cette terre.

Voici quels eussent été le bétail et l'assolement des cent hectares, sujets de l'expérimentation actuelle, s'ils fussent restés soumis à l'ancien mode de culture.

N° 1. ASSOLEMENT ANCIEN DES 100 HECTARES.

FROMENT	AVOINE	TRÈFLE	CULTURES sarclées et jachères
25	25	25	25

BÉTAIL.

16 vaches laitières, 8 bœufs, 6 élèves de l'année, 6 prenant deux ans (ces 12 élèves sont comptés comme 8 adultes), 2 chevaux, 1 taureau. Total : 35 têtes (Fumier : 35 têtes de bétail.)

Les produits eussent été : la vente des céréales, le laitage converti en fromage de Brie, l'engraissement des

8 bœufs, la vente de 4 vaches grasses et de 12 veaux, en supposant qu'il n'y eût pas eu d'accidents.

N° 2. ASSOLEMENT NOUVEAU

Que je substituai au précédent, à partir de 1862, en divisant la démonstration en deux parties : 1° Le compte culture avec 60 hectares ; 2° le compte prairie avec 40 hectares.

(Je donne immédiatement cet assolement pour en faciliter la comparaison avec l'ancien.)

ANNÉES	SEIGLE et MAÏS	BETTERAVES globe jaune	FROMENT	AVOINE	PRAIRIES
1862	15	15	15	15	10
1863	15	15	15	15	25
1864	15	15	15	15	40
1865	15	15	15	15	40
1866	15	15	15	15	40
1867	15	15	15	15	40
1868	15	15	15	15	40
1869	15	15	15	15	40
1870	15	15	15	15	40
1871	15	15	15	15	40

OBSERVATIONS

Cet assolement subira plusieurs changements, à mesure que les terres deviendront plus fertiles. Le premier sera de remplacer en partie ou en totalité la betterave globe jaune par celle à sucre.

La deuxième brochure expliquera comment cet assolement est d'une application générale par ses variations, suivant les localités. — Ainsi il admet, selon qu'il y a lieu et dans des proportions en rapport avec le but qu'on se propose :

La luzerne, comme culture hors ligne ;

Le trèfle, comme cinquième sole après l'avoine;

Le colza, après le seigle coupé en vert et remplaçant le maïs dans une certaine proportion, colza suivi de froment l'année suivante. Le colza pourrait être suivi dans la même année d'une récolte de carottes, — ce que je n'oserais pas garantir sous tous les climats.

Cet assolement admet aussi en culture hors ligne le lin, le chanvre, la garance, etc., mais seulement dans des proportions à pouvoir leur donner le fumier de deux têtes par hectare.

Copie du Programme de la première Expérimentation que je devais faire sur 100 hectares de cette terre.

Je devais démontrer :

1° Par quelles dispositions de culture appropriées au lieu, et en disposant du capital nécessaire, la méthode pourrait, — malgré la conversion en prairies d'une partie des terres de cette expérimentation, — obtenir néanmoins, — et dès les premières années, — une production de céréales approchant de celle que la terre entière produisait;

2° Comment, — par la tenue fructueuse d'un nombreux bétail, — une quantité croissante de fumiers, et l'appropriation à la terre des moyens indiqués pages 8 et suivantes de la brochure publiée en 1872, — la méthode produirait, en peu d'années, beaucoup plus de viande, et, — avec moitié des dépenses, — des rendements doubles de la moyenne actuelle des récoltes des céréales en France, — sans que les améliorations intégrales, qui amènent à ces résultats, imposent aucune charge nouvelle au sol.

DÉMONSTRATION.

Pour satisfaire à ce programme, je vais en indiquer : 1° les dépenses et les recettes, — puis j'expliquerai comment par le mode d'exploitation choisie pour cette application, — la terre, qui n'avait de fumier, par hectare, que dans la proportion d'un tiers de tête de gros bétail, dispose, — à partir de la cinquième année, après l'introduction de ma méthode, — du fumier d'une tête et demie par hectare en culture, soit 90 têtes pour 60 hectares, et d'une tête par hectare de prairie, soit 40 têtes pour 40 hectares, total : 130 têtes ;

2° Que les bénéfices du compte culture s'accroissent d'année en année, et que toutes les dépenses d'amélioration, — y compris l'achat du bétail et les dépenses de constructions, — se trouveront remboursées à la dixième année par la vente des produits annuels du bétail du compte prairie.

Mais, avant d'entrer en matière, je dois avertir mes lecteurs, — que je ne faisais, en 1862, cette application qu'après des essais préalables que je recommande comme indispensables si l'on veut opérer avec certitude de réussite.

J'ajouterai que, — en outre d'une expérience qui ne s'acquiert que successivement, — je disposais, non-seulement de capitaux plus que suffisants pour satisfaire à toutes les dépenses et parer aux éventualités, mais j'avais encore le concours d'anciens serviteurs faits à ma pratique, sur lesquels je pouvais compter. L'un d'eux dirigeait mes travaux depuis trente-trois ans, comme chef ouvrier, et tous les autres n'avaient pas moins de cinq à dix ans de service.

Par cette dernière communication, je tiens à prémunir mes imitateurs contre le désir d'appliquer mon système de culture sans faire d'abord des essais préalables sur une petite échelle, et je les invite surtout, avant d'opérer plus en grand, à attendre la publication de la deuxième partie de ma méthode, qui aura lieu en 1875. Mes motifs sont :

1° Qu'ils auront non-seulement de grandes modifications à introduire dans leur manière d'exploiter la prairie, — mais aussi dans celle de l'élevage, de l'engraissement du bétail, et surtout dans la manière d'exploiter la vacherie avec les soins et l'intelligence qu'elle exige, lorsqu'on opère avec des vaches de premier choix et qu'on veut en obtenir ce qu'elles peuvent rendre.

2° Que, pour loger sainement le nombreux bétail dont ils garniront successivement leurs étables, et ne pas perdre leurs urines, et aussi — pour que la litière ne leur fasse pas défaut, — ils auront également des modifications à introduire dans leurs constructions.

Nota : Je recommande expressément de prendre ces conseils en haute considération, car, — je répète encore que — qui croirait pouvoir se passer d'essais, — peut être certain qu'il ne réussira qu'imparfaitement.

Année 1862.

DÉPENSES.

Je rappelle que l'ancienne culture était de 100 hectares, et que, pour cette démonstration, on l'a réduite à 60 hectares. Comme les seize vaches et le taureau qui composaient son bétail ne pouvaient donner de bons produits, le compte prairie pourvoit à leur remplacement en versant une somme de................ 5.100 00
soit 300 francs par tête, ce qui, avec les prix de vente de ce bétail, permet un bon choix.

Achat, pour l'exploitation de la vacherie du compte prairie, de 30 vaches et d'un taureau de premier choix, à raison du prix moyen de 700 francs.................... 21.700 00

A reporter.... 26.800 00

Report.... 26.800 00

Création de 10 hectares de prairies.

En automne 1861, j'ai créé 10 hectares de
prairies ; la dépense pour cette création s'é-
lève à 600 francs par hectare, soit........   6.000 00

Ces 10 hectares faisaient partie des 25 hectares de l'ancien assolement qui, en 1861,
était partie à l'état de jachère et partie en
cultures sarclées. La fumure donnée à ces 10
hectares a fourni une récolte de 10 hectares de
betteraves en automne 1861, ce qui a permis—
avec une partie des fourrages que la ferme a
pu économiser, par cet apport de racines,—de
nourrir les vaches qu'on a achetées successivement et de faire fonctionner régulièrement,
à partir du mois de mai 1862, la vacherie du
compte prairie.

Dépenses particulières à la vacherie du compte prairie.

Suivant mon système de vacherie, il me
faut deux vachers pour les soins à donner
aux 30 vaches et aux 20 vêles conservées
cette année ; soit pour la nourriture et
les gages d'hommes soigneux............   2.000 00

Au sujet des 20 vêles, je dois dire que la vacherie du compte prairie élève les vêles des
deux établissements, et que celle du compte
culture reçoit les veaux mâles.

Menus frais de la vacherie............   500 00

Gages et nourriture du domestique chargé
de distribuer les fourrages et de transporter le
lait en ville, si on ne le convertit pas en fromage...............................   1.000 00

Achat d'un cheval, d'une voiture et usten-
siles pour le lait........................   2.000 00

La ferme et la vacherie du compte prairie
consommant en commun les fourrages des

A reporter...........   38.300 00

Report........	38.300 00

prairies et ceux de la ferme. Le fermage des cent hectares se trouve partagé, le compte prairie en paye moitié avec.......   1.250 00

Nota. Toutes les dépenses faites jusqu'ici sont seulement relatives aux créations des prairies et de la vacherie du compte des prairies. Celles qui vont suivre sont nécessitées — par l'obligation que le programme impose — de réduire le moins possible la production des céréales, afin que dès les premières années de l'installation de la méthode nouvelle, — la quantité des céréales livrés à la consommation reste à peu près la même.

ASSOLEMENT.

Première Sole.—15 hectares de seigle et maïs.

Les terres de cette sole étaient en avoine en 1861. Elles ont reçu en automne de la même année une très-forte fumure pour donner une abondante coupe de seigle en vert au printemps 1862. A cette récolte succède immédiatement dans la même année un semis de maïs fourrage.

La fumure, donnée en totalité ou en partie en automne 1861, consiste en un engrais de commerce, et est estimée coûter environ 500 francs par hectare, soit............   7.500 00

Cet engrais doit durer quatre années, et sa distribution doit être faite en une ou deux fois, suivant l'engrais qu'on emploie (1).

Deuxième Sole. — 15 hectares de betteraves globe jaune.

Cette sole reçoit également une très-forte fumure, plus les fumiers de l'hiver 1862 de la ferme, soit.....................   7.500 00

A reporter..	54.550 00

(1) La brochure qui sera publiée en 1875 traitera des fumures.

Report...... 54.550 00

Les terres qui la composent sont le restant de celles qui, dans l'ancien assolement, étaient en avoine en 1861; ce reste est augmenté des 5 hectares pris sur la sole de froment.

Après avoir fourni une récolte de betteraves en 1862, ces terres sortent de l'assolement, et reçoivent en automne de cette même année un semis de prairie coûtant en moyenne 100 francs l'hectare, soit....... 1.500 00

Troisième Sole. — 15 hectares de froment.

Les 15 hectares de terre de cette sole faisaient partie des 25 hectares qui, dans l'ancien assolement, étaient en jachère en 1861. Ils ont reçu au printemps 1861 les fumiers de l'hiver. En automne 1861, ils ont reçu ceux de la saison d'été de 1861, mais comme la fumure de 35 têtes de bétail n'est pas assez forte pour donner une abondante récolte, on y a adjoint 300 kil. de guano par hectare, soit pour les 15 hectares........ 1.500 00

Nota. Les 10 hectares restant des 25 qui étaient en jachère en 1861, ont été ensemencés en prairies en automne de la même année. Ce sont les 10 hectares qui figurent aux dépenses de cette année pour 6,000 francs.

Quatrième Sole. — 15 hectares d'avoine.

Les 15 hectares de cette sole étaient en froment en 1861 (ancien assolement), mais la fumure n'étant pas assez forte, ils reçoivent 300 kil. de guano par hectare, soit........ 1.500 00

OBSERVATIONS.

Par l'énumération des cultures de 1862 qui précède, 70 hectares seulement sont ensemencés cette année. Il reste 5 hectares

A reporter... 59.050 00

Report.....   59.050 00

de la sole de froment 1861, qui recevront un
ou deux enfouissements de récoltes vertes.
Il reste de plus la sole entière des 25 hectares
qui a reçu un semis de trèfle en 1861, et qui,
par conséquent, augmente en 1862 la quantité de fourrages de cette année.

Constructions.

Je suppose faire une dépense pour constructions de 25,000 francs, dont 10,000
francs pour la première année...........   10.000 00

Total des dépenses :   69.050 00

En terminant l'article « Dépenses de 1862 » je dois faire
observer que les terres en culture ne recevant le fumier
d'une tête et demie par hectare qu'en 1866, il y a eu nécessité de donner, les quatre premières années, des fumures
en engrais de commerce. Or, comme l'assolement est qua-
triennal, je dois encore ajouter que si, contre mon attente,
ces fortes fumures, données en une ou deux fois, suivant
leur nature, n'étaient pas suffisantes pour fournir d'am-
ples récoltes pendant quatre années, on y pourvoirait par
le fonds de réserve du compte prairie.

Peu importe le plus ou moins de dépenses, le point
capital c'est l'importance des récoltes. — On verra par les
résultats que j'obtiens en définitive, — qu'une augmentation de dépenses pour engrais, serait-elle de cinq mille
francs par an, pendant les quatre années qu'on en achète,
— soit de vingt mille francs, — cette augmentation ne
retarderait que d'une année les grands bénéfices dont cette
démonstration justifiera l'obtention.

RECETTES.

Je vais procéder, à cette partie de ma démonstration, ainsi que je l'ai fait en 1859, alors qu'opérant avec le concours de la liste civile, j'ai fait choix de terres placées dans les conditions les plus désavantageuses, afin que la réussite de mes expérimentations devînt plus utile au pays.

A cet effet, je vais prouver comment, par ma manière d'exploiter la vacherie, — les améliorations, quelque dispendieuses qu'elles soient, peuvent être couvertes par le compte prairie, tout en ne faisant figurer dans ce compte que dix centimes pour le litre de lait, malgré que son prix réel de vente soit de quinze centimes (1).

En conséquence, je divise le prix moyen de vente du litre de lait, qui est de quinze centimes, — en un compte de cinq centimes, sous le nom de réserve, — et en un compte courant qui, moyennant dix centimes, doit, ainsi que je vais le justifier, rembourser toutes les dépenses de cette démonstration, tout en desservant, à raison de 5 0/0, les intérêts du capital employé.

Dans le même ordre de justification, qui consiste — à prouver plus, et jamais moins, — je suppose, pour la recette, ne nourrir que 2 vaches par hectare et n'obtenir par hectare de prairie qu'un rendement de 7,000 litres de lait, ce qui, à dix centimes le litre, donne un produit de 350 francs par vache, et pour les 30 vaches (2)................... 10.500 00

Je déduis pour le lait donné aux 20 élèves à raison de 50 fr. par tête....................... 1.000 00

Reste à 9.500 00 9.500 00

---

(1) J'assigne pour la vente du lait quinze centimes par litre, parce qu'il n'est point de culture où un homme intelligent ne puisse obtenir ce prix, soit en vendant le lait, soit en le convertissant en beurre ou en fromage, et en en utilisant les autres parties.

(2) Des produits supérieurs seront justifiés par pièces probantes et irrécusables; ces pièces seront produites devant les commissions.

	Report.......	9.500 00

Je rappelle ici que la vacherie du compte prairie élève les vêles des deux établissements, et que celle du compte culture reçoit les veaux mâles.

La recette des dix centimes de lait se faisant tous les jours, il y a lieu d'ajouter au chiffre des recettes les intérêts de cette somme pour six mois.................... 237 50

Total des recettes. 9.737 50

DÉCOMPTE DU COMPTE PRAIRIE.

Les dépenses portées au compte prairie sont de............................ 69,050 00
Les recettes sont de.................. 9.737 50

Ce compte présente, en 1862, un excédant de dépenses de...................... 59.312 50

COMPTE RÉSERVE.

Le compte réserve produit, à raison de cinq centimes par litre................. 4.868 75

Cette somme est versée annuellement à la ferme des 156 hectares, moins ce qu'il a fallu dans le courant de l'année pour faire face aux dépenses éventuelles de la ferme de 100 hectares, et à celles qui seront expliquées au résumé, page 59.

Nota. — Je mentionne ici l'amélioration d'une seconde ferme de 156 hectares, dont traitera la brochure qui paraîtra en 1875, — parce que cette ferme reçoit l'excédant du compte réserve — et tous les fourrages excédant ceux nécessaires pour cette expérimentation. En agissant ainsi, mon but est de simplifier la démonstration des terres en culture et de prouver — que sans faire emploi du fumier des bœufs à l'engrais qui, — dans les conditions ordinaires, doivent consommer ces fourrages, —je n'arrive pas moins à disposer, dès la cinquième année, du fumier d'une tête et demie par hectare en culture.

Année 1863.

Excédant de dépenses de 1862......... 59.312 50
Intérêts d'un an de cet excédant........ 2.965 62

Nota. Bien que ces dépenses ne soient faites que dans le cours d'une année, je n'en porte pas moins les intérêts pour l'année entière.

DÉPENSES.

Dépenses pour la vacherie.

Gages et nourriture de trois vachers, pour les soins à donner aux 30 vaches, — 20 vêles prenant 2 ans et 20 de l'année.......... 3.000 00

Menus frais de la vacherie............. 700 00

Gages et nourriture du domestique chargé de la distribution des fourrages et du transport du lait en ville..................... 1.000 00

Moitié du fermage des 100 hectares..... 1.250 00

ASSOLEMENT.

Première Sole. — 15 hectares de seigle et maïs.

Les terres de cette sole étaient en avoine en 1862. Elles ont reçu, en automne 1862, les fumiers de l'été 1862. Au printemps 1863, après la coupe des seigles, elles reçoivent encore les fumiers de la ferme de la saison d'hiver 1863.

La dépense pour achat d'engrais est de (1) 6.000 00

Deuxième Sole. — 15 hectares de betteraves globe jaune.

Les terres de cette sole sont prises sur les 30 hectares restés hors de l'assolement en 1862.

A reporter... 74.228 12

______

(1) Si les récoltes ne sont pas très-abondantes,—on pourra y suppléer, l'année suivante, par le fonds de réserve.

Report...   74.228 12

Elles reçoivent également une très-forte fumure, et, après avoir fourni une récolte de betteraves, elles sortent de l'assolement et reçoivent, en automne, un semis de prairies. Ce semis complète — avec celui de 10 hectares fait en automne 1861, et celui de 15 hectares fait en automne 1862 — les 40 hectares de prairie indiqués au tableau n° 2;

soit dépense pour la fumure 7.500 00

et pour le semis de prairie 1.500 00

Troisième Sole. — 15 hectares de froment.

Les terres de cette sole ont reçu, en 1862, une très-forte fumure, — alors qu'elles étaient en seigle et maïs. — Au lieu de recevoir en 1863 un semis de betteraves, elles ont passé à la troisième sole qui est celle du froment.

Leur fumure n'aura ainsi que trois récoltes à fournir.

Quatrième Sole. — 15 hectares d'avoine.

Les terres de cette sole étaient en froment en 1862, et assez bien fumées. On leur donne un supplément de guano 1.500 00

Constructions.

Pour solde de la dépense de 25,000 francs des constructions de l'année 15.000 00

Total des dépenses.....   99.728 12

RECETTES.

La vacherie du compte prairie qui se composait, en 1862, de 30 têtes adultes et de 20 vêles s'est accrue de 20 vêles. — Ces 20 vêles de l'année 1863 portent le nombre vêles à 40.

Les 20 vêles nées en 1862 ont été couvertes, — suivant leur force, depuis l'âge de 15 à 20 mois. Elles font, par conséquent, leurs premiers veaux à la fin de cette année ou dans les premiers mois de 1864.

La vacherie n'a donc encore d'autres produits, cette année, que ceux des 30 vaches, qui, après déduction du lait consommé par les 20 vêles nées dans l'année, s'élèvent, comme en 1862, à.............. 9.500 00

A quoi il faut ajouter les intérêts pour six mois des dix centimes de lait, comme en 1862.............................. 237 50

Total des recettes..... 9.737 50

DÉCOMPTE DU COMPTE PRAIRIE.

Les dépenses portées au compte prairie s'élèvent à........................... 99.728 12

Les recettes sont de.................. 9.737 50

Ce compte présente, en 1863, un excédant de dépenses de..................... 89.990 62

COMPTE RÉSERVE.

Le compte réserve produit, à raison de cinq centimes par litre................ 4.868.75

Cette somme est versée annuellement à la ferme des 156 hectares, moins ce qu'il a fallu dans le courant de l'année pour faire face aux dépenses éventuelles de la ferme de 100 hectares, et à celles qui seront expliquées au Résumé.

Année 1864.

Excédant de dépenses de 1863........	89.990 62
Intérêts d'un an de cet excédant........	4.499 53

DÉPENSES.

Dépenses pour la vacherie.

Gages et nourriture de quatre vachers...	4.000 00

La vacherie se compose : 1° des 30 vaches achetées et de 20 génisses nées en 1862, qui ont vêlé au commencement de 1864; total, 50 têtes en rendement ;

2° de 20 vêles nées en 1863, prenant 2 ans dans l'année, — et de 20 vêles nées dans les premiers mois de cette année.

Menus frais de la vacherie............	800 00

Gages et nourriture d'un domestique chargé de la distribution des fourrages et du

transport du lait en ville................	1.000 00

Moitié du fermage des 100 hectares, la

ferme supporte l'autre moitié...........	1.250 00

ASSOLEMENT.

Première Sole. — 15 hectares de seigle et maïs.

Les terres de cette sole étaient en froment en 1862, et ont reçu, cette année-là, les fumiers des 35 bêtes de la ferme, plus 300 kil. de guano. En 1863, elles étaient en avoine et ont reçu 300 kil. de guano.

Cette année, elles reçoivent une forte fumure en engrais de commerce, et se trouvent dans un état suffisant de fertilité pour la

rotation des quatre années.............	7.500 00

Au printemps, après la récolte du seigle, et avant leur ensemencement en maïs, ces

A reporter....	109.040 15

Report...... 109 040 15

terres ont encore reçu les fumiers de l'hiver 1864.

Deuxième Sole. — 15 hectares de betteraves globe jaune.

Les terres de cette sole ont reçu une fumure expérimentale en 1863, alors qu'elles étaient en seigle et maïs. Si on reconnaît qu'elles ne sont pas suffisamment fumées pour la rotation de quatre années dont celle-ci est la seconde, on y suppléera par le fonds de réserve.

Troisième Sole. — 15 hectares de froment.

Les 15 hectares de cette sole faisaient partie des 25 hectares qui ont donné deux coupes de trèfle en 1862. En 1863, ces terres ont été mises en jachère et ont fourni une récolte verte qu'on a enfouie. Elles ont reçu en automne 1863, avant leur ensemencement en froment, les fumiers de l'été 1863.

Elles reçoivent cette année 300 kil. de guano, soit........................   1.500 00

Si, au printemps, on remarquait que cette fumure ne soit pas suffisante, on y suppléerait par le fonds de réserve.

Quatrième Sole. — 15 hectares d'avoine.

Les terres de cette sole ont reçu une fumure complète pour la récolte du seigle de 1862. Au lieu d'être ensemencées en betteraves en 1863, elles ont sauté cette sole et ont été mises en froment. Elles reçoivent un semis d'avoine en 1864. Ces terres, n'ayant donc encore donné que deux récoltes, se trouvent suffisamment fumées et ne reçoivent pas de supplément d'engrais.

Total des dépenses..... 110.540 15

RECETTES.

La vacherie du compte prairie qui se composait, en 1863, de 30 vaches, produit cette année, comme en 1863, après déduction du lait consommé par les 20 vêles conservées...................................... 9.500 00

20 génisses, nées en 1862, qui font leurs premiers veaux en 1864 et dont le rendement n'est que de 250 francs par tête, produisent............................. 5.000 00

Total........... 14.500 00

Dont il faut déduire pour le lait de 8 vêles de choix conservées des 20 vêles ci-dessus désignées, 400 francs, soit............... 400 00

Le restant des veaux mâles et des vêles est livré à la ferme des 60 hectares.

Total........... 14.100 00

Intérêts pour six mois des dix centimes pour le litre de lait...................... 352 50

Total des recettes.... 14.452 50

Composition de la vacherie au commencement de l'année 1864.

La vacherie du compte prairie, élevant tous les ans 20 vêles de choix des deux vacheries, se trouve composée en 1864 :

1° des 30 vaches achetées,

Et des 20 vêles nées en 1862, qui ont fait leurs premiers veaux, fin 1863 ou dans les premiers mois de 1864 : total, 50 vaches, dont 20 génisses.

2° des 20 vêles nées en 1863, prenant 2 ans, lesquelles proviennent des deux vacheries; plus des 20 vêles de l'année provenant également des deux vacheries.

Situation fin 1864.

La vacherie se compose :
1° Des 50 vaches dont 20 génisses ;
2° Des vêles de 1863 et de 1864 provenant des deux
vacheries; total............................... 40

1ᵣᵉ modification à partir de 1864.

On conserve en 1864 8 vêles de choix provenant
des 20 vêles devenues génisses en 1864, ci........ 8

Total...... 48

DÉCOMPTE DU COMPTE PRAIRIE.

Les dépenses portées au compte prairie
s'élèvent à............................... 110.540 15
Les recettes sont de.................... 14.452 50

Ce compte présente, en 1864, un excédant de dépenses de.................... 96.087 65

COMPTE RÉSERVE.

Le compte réserve produit, à raison de
5 centimes par litre.................... 7.226 25

Cette somme est versée annuellement à la ferme des
156 hectares, moins ce qu'il a fallu dans le courant de
l'année pour faire face aux dépenses éventuelles de la ferme
des 100 hectares, et à celles qui seront expliquées au Résumé.

Année 1865.

Excédant de dépenses de 1864..........   96.087 65
Intérêts d'un an de cet excédant.......   4.804 38

DÉPENSES.

Dépenses pour la vacherie.

Gages et nourriture de 6 vachers.......   6.000 00
Le nombre des vachers est augmenté parce
que la vacherie s'est accrue, en 1865, ainsi
qu'il sera expliqué aux recettes de cette même
année.

Menus frais de la vacherie............   1.000 00
Gages et nourriture de 2 hommes chargés
de la distribution des fourrages, du transport
du lait en ville et de la surveillance de nuit.   2.000 00
Moitié du fermage des 100 hectares; la
ferme supporte l'autre moitié............   1.250 00

ASSOLEMENT.

Première Sole. — 15 hectares de seigle et maïs.

Les terres de cette sole ont été ensemencées en seigle, en 1862, et ont reçu une très-
forte fumure, qui a coûté 7,500 francs. Ces
terres avaient été fumées pour fournir quatre
récoltes; elles n'en ont fourni que trois: seigle
en 1862, froment en 1863, avoine en 1864.
Elles reçoivent cette année, en automne, les
fumiers de la ferme de l'été 1864, et, après
la coupe des seigles et avant leur ensemencement en maïs, — ceux de l'hiver 1865. Vu
l'insuffisance de ces deux fumures supposées
ne provenir encore que de 35 têtes, j'y ajoute
pour achat d'engrais de commerce........   6.000 00

A reporter...   117.142 03

Report... 117.142 03

Deuxième Sole. — 15 hectares de betteraves globe jaune.

Les terres de cette sole ont reçu, en 1864, alors qu'elles étaient en seigle et maïs, une fumure, pour quatre années, de 7,500 fr. Il n'y a pas lieu de leur donner un supplément d'engrais.

Troisième Sole. — 15 hectares de froment.

Les terres de cette sole ont reçu, en 1863, une fumure, pour quatre années, de 6,000 fr. plus les fumiers d'une année. S'il y avait lieu de leur donner un supplément d'engrais, le fonds de réserve y suppléerait.

Quatrième Sole. — 15 hectares d'avoine.

Ces 15 hectares étaient en jachère en 1863. Ils ont reçu, cette même année, deux enfouissements verts. En automne 1863, ils ont été ensemencés en froment, après avoir reçu au préalable les fumiers de l'été 1863, et ont reçu au printemps 1864, 300 kil. de guano.

Il y a lieu de leur allouer encore, pour 1865, 200 kil. de guano par hectare, soit.. 1.000 00

Toutefois, si cette fumure n'était pas suffisante, — le fonds de réserve y pourvoirait, comme à toutes les autres, — jusqu'au moment que la terre en culture recevra régulièrement le fumier d'une tête et demie par hectare.

Total des dépenses... 118.142 03

RECETTES.

La vacherie du compte prairie se composait, en 1864, de 30 vaches et de 20 génisses.

Cette vacherie se compose cette année :

1° De 50 vaches qui produisent, à raison de 350 fr. par tête, la somme de............. 17.500 00

2° De 20 vêles nées en 1863, qui font leurs premiers veaux en 1865, et dont le produit s'élève, à raison de 250 fr. par tête, à..... 5.000 00

Total. ... 22.500 00

Dont il faut déduire :

1° Pour le lait des 20 vêles conservées, la somme de 1.000 00

2° Pour le lait de 8 vêles de choix conservées la somme de...   400 00

Total..... 1.400 00 ci 1.400 00

Reste..... 21.100 00

Intérêts des dix centimes de lait pour six mois 527 50

Total des recettes... 21.627 50

Composition de la vacherie au commencement de l'année 1865.

La vacherie du compte prairie, élevant tous les ans 20 vêles de choix des deux vacheries, se trouve composée en 1865 :

1° Des 30 vaches anciennes;

Des 20 vêles, nées en 1862, qui ont fait leurs premiers veaux fin de 1863 ou dans les premiers mois de 1864 et comptent comme vaches.

Des 20 vêles nées en 1863 qui ont fait leurs premiers veaux fin de 1864 ou dans les premiers mois de 1865; total : 70 vaches, dont 20 génisses.

2° Des 20 vêles, nées en 1864, prenant 2 ans, lesquelles proviennent des deux vacheries, plus des 8 vêles conservées cette même année et prenant 2 ans en 1865.

Des 20 vêles de l'année provenant des deux vacheries, plus de 8 vêles provenant des 20 génisses qui ont fait leurs premiers veaux en 1865.

Situation fin de 1865.

La vacherie se compose :
1° De 70 vaches dont 20 génisses,
2° Des vêles de 1864 et de 1865, provenant des deux vacheries, total................................. 40

1° On a conservé en 1864 — 8 vêles de choix provenant des 20 vêles devenues génisses en 1864. Ces 8 vêles sont dans leur deuxième année...... 8

2° On conserve en 1865 — 8 vêles de choix provenant des 20 vêles devenues génisses en 1865, ci.. 8

Ainsi, 28 vêles prenant 2 ans et 28 de l'année, total.................................. 56 vêles

DÉCOMPTE DU COMPTE PRAIRIE.

Les dépenses portées au compte prairie sont de.. 118.142 03
Les recettes sont de................................ 21.627 50
Ce compte présente, en 1865, un excédant de dépenses de............................... 96.514 53

COMPTE RÉSERVE.

Le compte réserve produit, à raison de cinq centimes par litre............................. 10.843 75

Cette somme est versée annuellement à la ferme des 156 hectares, moins ce qu'il a fallu dans le courant de l'année pour faire face aux dépenses éventuelles de la ferme des 100 hectares, et à celles qui seront expliquées au Résumé.

Année 1866.

Excédant de dépenses de 1865.........   96.514 53
Intérêts d'un an de cet excédant........   4.825 72

DÉPENSES.

Dépenses pour la vacherie.

Gages et nourriture de six vachers......   6.000 00
Menus frais de la vacherie............   1.000 00
Gages et nourriture de deux hommes chargés de la distribution des fourrages, du transport du lait en ville, et de la surveillance de
nuit..............................   2.000 00
Appointements d'un chef de service.....   2.000 00
Moitié du fermage des 100 hectares; la
ferme supporte l'autre moitié...........   1.250 00

Total des dépenses.....   113.590 25

On porte cette année les appointements d'un chef de
service, parce que l'exploitant ne peut plus suffire à la
surveillance et à la direction de cet établissement, et de
celui en création pour la mise en état des 156 hectares,—
dont parlera la brochure qui paraîtra en 1875, — et qui
doivent compléter l'application de ma méthode sur l'ensemble de l'exploitation des 256 hectares composant ce
domaine.

Nota. Les achats d'engrais ayant cessé cette année,
et la ferme étant chargée des dépenses de culture, il n'y a
plus lieu de faire de nouvelles dépenses. Je crois utile de
répéter — que les engrais de commerce doivent être donnés en une ou deux fois, — suivant leur durée, et de plus
— si la dépense, que je porte au compte de chaque année,
n'était pas suffisante pour obtenir d'abondantes récoltes,
— il faudrait y suppléer.

La démonstration, que je donne ici, prouve qu'on peut
y satisfaire.

A dater de l'automne 1865, la vacherie du compte prairie verse tous les ans, à la culture des 60 hectares, le fumier de 55 têtes; ce qui, avec le fumier de 35 têtes de la ferme, constitue une fumure d'une tête et demie par hectare de terres en culture.

RECETTES.

A partir de cette année, un autre ordre d'opérations va se produire, ainsi que je vais l'expliquer, à mesure qu'il y aura lieu.

La vacherie du compte prairie se compose cette année de 70 vaches qui produisent, à raison de 350 francs par tête, la somme de...................... 24.500 00

Dont il faut déduire, pour le lait de 15 vêles conservées, et d'un veau mâle............ 800 00

Soit... 23.700 00   23.700 00

Intérêts des dix centimes de lait pour six mois 592 50

Total......... 24.292 50

15 vaches grasses ou pleines seront vendues. J'en assigne le prix à 500 fr. par tête, soit............................ 7.500 00

Total des recettes... 31.792 50

Du nombre total de 56 vêles, dont se composait la vacherie en 1865, il entre dans la vacherie 15 vêles nées en 1864, prêtes à veau, dont le produit n'est pas porté en compte, pour parer à toutes les éventualités, de quelque nature qu'elles soient, avant de recourir au fond de réserve.

Cette mesure annuelle devient même un temps d'épreuve qui permet encore d'apprécier la valeur des génisses qui, quoique de choix, pourraient manquer de qualités. Dans ce cas, et après cette épreuve, celles à réformer seraient vendues pleines en place d'un égal nombre de vaches que l'on conserverait.

Composition de la vacherie en 1866.

A partir de cette année, la vacherie du compte culture conserve ses vêles, qui, jusque 1865 compris, servaient à composer le nombre des 20 vêles que la vacherie du compte prairie élevait tous les ans.

A partir de cette même année 1866, la vacherie du compte prairie ne conservant tous les ans que 15 vêles et un veau mâle, — ses autres vêles seront versées à la ferme de 156 hectares, et les sujets mâles à la culture des 60 hectares, pour tirer profit de leur vente.

Situation fin 1866.

1° 70 vaches, dont 15 sortent pleines ou grasses à la fin de l'année ;

2° 15 vêles prêtes à veau qui sont entrées dans la vacherie en 1866 et dont le produit n'est pas porté en compte, ainsi que j'en ai donné les motifs d'autre part à l'article Recettes ;

3° 15 vêles prenant deux ans ;

4° 15 vêles de l'année et un veau mâle.

DÉCOMPTE DU COMPTE PRAIRIE.

Les dépenses portées au compte prairie sont de... 113.590 25

Les recettes sont de. 31.792 50

Ce compte présente, en 1866, un excédant de dépenses de........................... 81.797 75

COMPTE RÉSERVE.

Le compte réserve produit, à raison de cinq centimes par litre................. 12.146 25

Cette somme est versée annuellement à la ferme des 156 hectares, moins ce qu'il a fallu dans le courant de l'année pour faire face aux dépenses éventuelles de la ferme des 100 hectares, et à celles qui seront expliquées au Résumé.

Année 1867.

Excédant de dépenses de 1866.........	81.797 75
Intérêts d'un an de cet excédant........	4.089 88

DÉPENSES.

Dépenses pour la vacherie.

Montant des dépenses pour la vacherie...   12.250 00

Les dépenses pour la vacherie étant les mêmes que celles de 1866 et n'éprouvant plus de variations, elles ne sont plus portées en détail.

Il n'y a plus de nouvelles dépenses de culture.

A dater de l'automne 1865, la vacherie du compte prairie, après avoir gardé les fumiers nécessaires pour les prairies, verse tous les ans à la culture des 60 hectares, le fumier de 55 têtes qui, avec le fumier des 35 têtes de la ferme, constitue une fumure de 90 têtes, —soit une tête et demie pour les 60 hectares de terres en culture.

Total des dépenses.....   98.137 63

RECETTES.

L'état de la vacherie n'éprouvant plus de changements, et les explications à donner étant les mêmes que celles de 1866, la recette est de.......................   34.792 50

Il entre dans la vacherie 15 vêles nées en 1865, prêtes à veau, dont le produit n'est pas porté en compte, pour parer, avant de recourir au fonds de réserve, à toutes les éventualités, de quelque nature qu'elles soient.

A reporter...............   34.792 50

Report...... 31.792 50

Cette mesure annuelle devient même un temps d'épreuve qui permet encore d'apprécier la valeur des génisses qui, quoique de choix, pourraient manquer de qualités. Dans ce cas, et après cette épreuve, celles à réformer seraient vendues pleines en place d'un égal nombre de vaches que l'on conserverait.

Total des recettes.... 31.792 50

Composition de la vacherie en 1867.

Comme il a été dit en 1866, la vacherie du compte culture conserve ses vêles, et la vacherie du compte prairie ne conserve tous les ans que 15 vêles et un veau mâle ; — ses autres vêles sont versées à la ferme de 156 hectares, et les sujets mâles à la culture des 60 hectares pour tirer profit de leur vente.

Situation fin de 1867.

1° 70 vaches, dont 15 sortent pleines ou grasses à la fin de l'année;

2° 15 vêles prêtes à veau qui sont entrées dans la vacherie en 1867 et dont le produit n'est pas porté en compte, ainsi que j'en ai donné les motifs à l'article recettes de 1866.

3° 15 vêles et un veau mâle prenant deux ans;

4° 15 vêles de l'année et un veau mâle.

DÉCOMPTE DU COMPTE PRAIRIE.

Les dépenses portées au compte prairie sont de........................... 98.137 63

Les recettes sont de.............. 31.792 50

Ce compte présente, en 1867, un excédant de dépenses de.................. 66.345 13

COMPTE RÉSERVE.

Le compte réserve produit, à raison de cinq centimes par litre.................. 12.146 25

Cette somme est versée annuellement à la ferme des 156 hectares, moins ce qu'il a fallu dans le courant de l'année pour faire face aux dépenses éventuelles de la ferme des 100 hectares, et à celles qui seront expliquées au Résumé.

Année 1868.

Excédant de dépenses de 1867......... 66.345 13
Intérêts d'un an de cet excédant........ 3.317 25

DÉPENSES.

Dépenses pour la vacherie.

Montant des dépenses pour la vacherie. . 12.250 00

Les dépenses pour la vacherie étant les mêmes que celles des années précédentes, et n'éprouvant plus de variations depuis 1866, elles ne sont plus portées en détail.

Il n'y a plus de nouvelles dépenses de culture.

Depuis l'automne 1865, la vacherie du compte prairie, après avoir gardé les fumiers nécessaires pour les prairies, verse tous les ans, à la culture des 60 hectares, le fumier de 55 têtes, ce qui, avec le fumier des 35 têtes de la ferme, constitue une fumure d'une tête et demie par hectare de terres en culture.

Total des dépenses...... 81.912 38

RECETTES.

L'état de la vacherie n'éprouvant plus de changements, et les explications à donner étant les mêmes que celles de 1866, la recette est de..................... 31.792 50

A reporter....... 31.792 50

Report......... 31.792 50

Il entre dans la vacherie 15 vêles nées en 1866, prêtes à veau, dont le produit n'est pas porté en compte, pour parer, avant de recourir au fonds de réserve, à toutes les éventualités, de quelque nature qu'elles soient.

Cette mesure annuelle devient même un temps d'épreuve qui permet encore d'apprécier la valeur des génisses qui, quoique de choix, pourraient manquer de qualités. Dans ce cas, et après cette épreuve, celles à réformer seraient vendues pleines, en place d'un égal nombre de vaches que l'on conserverait.

Total des recettes...... 31.792 50

Composition de la vacherie en 1868.

Comme il a été dit en 1866, la vacherie du compte culture conserve ses vêles et la vacherie du compte prairie ne conserve, tous les ans, que 15 vêles et 1 veau mâle, — ses autres vêles sont versées à la ferme de 156 hectares, et les sujets mâles à la culture des 60 hectares, pour tirer profit de leur vente.

Situation fin de 1868.

1° 70 vaches, dont 15 sortent pleines ou grasses à la fin de l'année ;

2° 15 vêles prêtes à veau sont entrées dans la vacherie en 1868, et un taureau ; voir les explications données ci-dessus à l'article Recettes ;

3° 15 vêles et un veau mâle prenant deux ans ;

4° 15 vêles de l'année et un veau mâle.

DÉCOMPTE DU COMPTE PRAIRIE.

Les dépenses portées au compte prairie sont de............................. 81.912 38

Les recettes sont de................. 31.792 50

Ce compte présente, en 1868, un excédant de dépenses de.................. 50.119 88

COMPTE RÉSERVE.

Le compte réserve produit, à raison de 5
centimes par litre..................... 12.146 25

Cette somme est versée annuellement à la ferme des
156 hectares, moins ce qu'il a fallu dans le courant de
l'année pour faire face aux dépenses éventuelles de la
ferme des 100 hectares, et à celles qui seront expliquées
au Résumé.

Année 1869.

Excédant de dépenses de 1868........ 50.119 88
Intérêts d'un an de cet excédant......   2.505 99

DÉPENSES.

Dépenses de la vacherie.

Montant des dépenses pour la vacherie... 12.250 00
Les dépenses pour la vacherie étant les
mêmes que celles des années précédentes, et
n'éprouvant plus de variations depuis 1866,
elles ne sont plus portées en détail.

Il n'y a plus de nouvelles dépenses de culture.

Depuis l'automne 1865, la vacherie du
compte prairie, après avoir gardé les fumiers
nécessaires pour les prairies, verse tous les
ans à la culture des 60 hectares, le fumier
de 55 têtes, ce qui, avec le fumier des 35 têtes de la ferme, constitue une fumure d'une
tête et demie par hectare, le terres en culture.

Total des dépenses.. 64.875 87

RECETTES.

L'état de la vacherie n'éprouvant plus de changements, et les explications à donner étant les mêmes que celles de 1866, la recette est de............................   31.792 50

Il entre dans la vacherie 15 vêles nées en 1867 prêtes à veau, dont le produit n'est pas porté en compte, pour parer, avant de recourir au fonds de réserve, à toutes les éventualités, de quelque nature qu'elles soient.

Cette mesure annuelle devient même un temps d'épreuve qui permet d'apprécier la valeur des génisses qui, quoique de choix, pourraient manquer de qualités. Dans ce cas, et après cette épreuve, celles à réformer seraient vendues pleines, en place d'un égal nombre de vaches que l'on conserverait.

Total des recettes..   31.792 50

Composition de la vacherie en 1869.

Comme il a été dit en 1866, la vacherie du compte culture conserve ses vêles, et la vacherie du compte prairie ne conserve tous les ans que 15 vêles et un veau mâle, — ses autres vêles sont versées à la ferme de 156 hectares, et les sujets mâles à la culture des 60 hectares, pour tirer profit de leur vente.

Situation fin de 1869.

1° 70 vaches, dont 15 sortent pleines ou grasses à la fin de l'année ;

2° 15 vêles prêtes à veau sont entrées dans la vacherie en 1869, et un taureau ; voir les explications données ci-dessus à l'article Recettes ;

3° 15 vêles et un veau mâle prenant deux ans ;

4° 15 vêles de l'année et un veau mâle.

DÉCOMPTE DU COMPTE PRAIRIE.

Les dépenses portées au compte prairie
sont de.................................... 64.875 87
Les recettes sont de................... 31.792 50

Ce compte présente, en 1869, un excédant
de dépenses de...................... 33.083 37

COMPTE RÉSERVE.

Le compte réserve produit, à raison de
5 centimes par litre.................. 12.146 25

Cette somme est versée annuellement à la ferme de
156 hectares, moins ce qu'il a fallu dans le courant de
l'année pour faire face aux dépenses éventuelles de la ferme
des 100 hectares, et à celles qui seront expliquées au
Résumé.

Année 1870.

Excédant de dépenses de 1870........ 33.083 37
Intérêts d'un an de cet excédant....... 1.654 16

DÉPENSES.

Dépenses pour la vacherie.

Montant des dépenses pour la vacherie.. 12.250 00
Les dépenses pour la vacherie étant les
mêmes que celles des années précédentes, et
n'éprouvant plus de variations depuis 1866,
elles ne sont plus portées en détail.
Il n'y a plus de nouvelles dépenses de
culture.
Depuis l'automne 1865, la vacherie du

A reporter..... 46.987 53

Report..... 46.987 53

compte prairie, après avoir gardé les fumiers nécessaires pour les prairies, verse tous les ans à la culture des 60 hectares, le fumier de 55 têtes, ce qui, avec le fumier des 35 têtes de la ferme, constitue une fumure d'une tête et demie par hectare de terres en culture.

Total des dépenses... 46.987 53

RECETTES.

L'état de la vacherie n'éprouvant plus de changements, et les explications à donner étant les mêmes que celles de l'année 1866, la recette est de..................... 31.792 50

Il entre dans la vacherie 15 vêles nées en 1868 prêtes à veau, dont le produit n'est pas porté en compte, pour parer, avant de recourir au fonds de réserve, à toutes les éventualités, de quelque nature qu'elles soient.

Cette mesure annuelle devient même un temps d'épreuve qui permet encore d'apprécier la valeur des génisses qui, quoique de choix, pourraient manquer de qualités. Dans ce cas, et après cette épreuve, celles à réformer seraient vendues pleines, en place d'un égal nombre de vaches que l'on conserverait.

Total des recettes... 31.792 50

Composition de la vacherie en 1870.

Comme il a été dit en 1866, la vacherie du compte culture conserve ses vêles, et la vacherie du compte prairie ne conserve tous les ans que 15 vêles et un veau mâle, — ses autres vêles sont versées à la ferme de 156 hectares, et les sujets mâles à la culture des 60 hectares pour tirer profit de leur vente.

Situation fin de 1870.

1° 70 vaches, dont 15 sortent pleines ou grasses à la fin de l'année ;

2° 15 vêles prêtes à veau sont entrées dans la vacherie en 1870 et un taureau ; voir les explications données à l'article Recettes ;

3° 15 vêles et un veau mâle prenant deux ans ;

4° 15 vêles de l'année et un veau mâle.

DÉCOMPTE DU COMPTE PRAIRIE.

Les dépenses portées au compte prairie sont de.................................... 46.987 53

Les recettes sont de........................... 31.792 50

Ce compte présente, en 1870, un excédant de dépenses de................... 15.195 03

COMPTE RÉSERVE.

Le compte réserve produit, à raison de 5 centimes par litre..................... 12.146 25

Cette somme est versée annuellement à la ferme des 156 hectares, moins ce qu'il a fallu dans le courant de l'année pour faire face aux dépenses éventuelles de la ferme des 100 hectares, et à celles qui seront expliquées au Résumé.

Année 1871.

Excédant de dépenses de 1870......... 15.195 03
Intérêts d'un an de cet excédant........ 759 75

DÉPENSES.

Dépenses pour la vacherie.

Montant des dépenses pour la vacherie... 12.250 00
Les dépenses pour la vacherie étant les mêmes que celles des années précédentes, et n'éprouvant plus de variations depuis 1866, elles ne sont plus portées en détail.

Il n'y a plus de nouvelles dépenses de culture.

Depuis l'automne 1865, la vacherie du compte prairie, après avoir gardé les fumiers nécessaires pour les prairies, verse tous les ans à la culture des 60 hectares, le fumier de 55 têtes, ce qui, avec le fumier des 35 têtes de la ferme, constitue une fumure d'une tête et demie par hectare de terres en culture.

Total des dépenses..... 28.204 78

RECETTES.

L'état de la vacherie n'éprouvant plus de changements, et les explications à donner étant les mêmes depuis 1866, la recette est de............................... 31.792 50
Il entre dans la vacherie 15 vêles nées en 1869 prêtes à veau dont le produit n'est pas porté en compte, pour parer, avant de

A reporter..... 31.792 50

Report........ 31.792 50

recourir au fonds de réserve, à toutes les éventualités, de quelque nature qu'elles soient.

Cette mesure annuelle devient même un temps d'épreuve qui permet encore d'apprécier la valeur des génisses qui, quoique de choix, pourraient manquer de qualités. Dans ce cas, et après cette épreuve, celles à réformer seraient vendues pleines, en place d'un égal nombre de vaches que l'on conserverait.

Total des recettes.... 31.792 50

Composition de la vacherie en 1871.

Comme il a été dit en 1866, la vacherie du compte culture conserve ses vêles, et la vacherie du compte prairie ne conserve que 15 vêles et un veau mâle tous les ans, — ses autres vêles sont versées à la ferme des 156 hectares, et les sujets mâles à la culture des 60 hectares, pour tirer profit de leur vente.

Situation fin de 1871.

1° 70 vaches, dont 15 sortent pleines ou grasses à la fin de l'année ;

2° 15 vêles prêtes à veau sont entrées dans la vacherie en 1871 et un taureau ; voir les explications données à l'article Recettes ;

3° 15 vêles prenant deux ans et un veau mâle ;

4° 15 vêles de l'année et un veau mâle.

DÉCOMPTE DU COMPTE PRAIRIE.

Les recettes portées au compte prairie sont de.............................. 31.792 50

Les dépenses sont de............... 28.204 78

Ce compte présente, en 1871, un excédant de recettes de..................... 3.587 72

COMPTE RÉSERVE.

Le compte réserve produit, à raison de
5 centimes par litre.................... 12.146 25

Cette somme est versée annuellement à la ferme des
156 hectares, moins ce qu'il a fallu dans le courant de
l'année pour faire face aux dépenses éventuelles de la ferme
des 100 hectares, et à celles qui seront expliquées au Résumé.

Pour les années suivantes, les recettes an-
nuelles se trouvant être de............ 31.792 50

Et les dépenses de.................... 12.250 00

Il reste... 19.542 50

Ce chiffre doit être augmenté de 500 francs par an, pour
la sortie d'un taureau. Cette sortie aurait pu avoir lieu
depuis 1868, mais on n'en a pas fait état pour le cas où
l'on eût voulu conserver un taureau de plus, et verser les
autres à la ferme des 156 hectares.

Ainsi, à l'avenir, la recette totale du compte prairie
sera de 20,042 fr. 50 c., non compris le compte réserve.

OBSERVATIONS

Je dois faire observer que — si ces résultats peuvent
être obtenus dans toutes les localités de la France
— et même avec moins de ressources, — mais avec plus
de temps, — par des cultivateurs intelligents travaillant
eux-mêmes, et disposant d'un personnel devoué et capable, — il ne faut pas que les cultivateurs — qui ne sont
pas dans ces conditions et qui ne dirigent pas eux-mêmes
tous les détails de leur culture, — s'attendent aux mêmes
résultats : — à ces derniers, il faut des hommes sur l'intelligence et le dévouement desquels ils puissent compter
pour la prospérité de leur établissement.

Or, ces hommes, on peut les trouver, — mais ce n'est
qu'en les intéressant et en se les attachant comme partie
intégrante de l'établissement.

Si l'exploitant ne se place pas dans ces conditions, il

s'expose à en manquer à certains moments, ce qui compromet gravement ses intérêts.

La brochure qui paraîtra en 1875 donnera, non-seulement des modèles de baux, pour concilier les intérêts des propriétaires et des fermiers, mais aussi des transactions à intervenir entre les fermiers et les ouvriers, afin que propriétaires, fermiers et ouvriers aient chacun une part satisfaisante à prélever sur les bénéfices de l'établissement.

C'est à cette fin que je ne m'explique pas aujourd'hui sur les sommes qui resteront libres du fond de réserve, car ce n'est qu'exceptionnellement que dans cette démonstration je les verse à l'amélioration d'une autre ferme ; et, je le puis d'autant plus, que par la conversion de mon lait en fromage de Brie, j'aurais obtenu dans la localité où cette démonstration devait se faire, — un prix de vente de 20 centimes environ pour le litre de lait ; différence de 5 centimes dont je n'ai pas fait mention.

Il doit donc rester entendu que les bénéfices nets de ma démonstration ne peuvent être obtenus qu'aux conditions que je viens d'indiquer sommairement.

RÉSUMÉ

Ce travail présente comme fait :

1° Que la ferme de 100 hectares, sujet de cette démonstration, — qui en 1861 ne disposait que du fumier de 35 têtes de bétail (soit celui d'une tête pour 3 hectares), — dispose en 1866 du fumier d'une tête et demie par hectare en culture, — soit de celui de 90 têtes pour les 60 hectares de la ferme ;

— Que l'accroissement de la fertilité des terres en culture a dû être d'autant plus prompt que de 1862 à 1865 compris, toutes les terres ont reçu de très-fortes fumures avec des engrais de commerce ;

— Que dès 1862, les 60 hectares en culture ont reçu les fumiers que recevaient les 100 hectares avant 1862 ;

— Et enfin, qu'à partir de 1866, ces 60 hectares reçoivent encore annuellement le fumier de 55 têtes de bétail du compte prairie, excédant le fumier dont les prairies ne pourraient faire usage sans s'exposer à une verse trop hâtive et à plus de perte encore

On ne peut donc se refuser d'admettre que des terres ainsi fumées ne satisfassent aux conditions du programme, —lorsque j'omets encore, à dessein, de porter en compte,— l'augmentation du fumier que m'eûssent donnée les bœufs à l'engrais qui, annuellement, doivent consommer les fourrages dépassant la quantité nécessaire à la consomma-tion des deux établissements dont je viens de parler.

Tandis qu'on peut affirmer : — que si, avant 1862, le prix de revient de l'hectolitre de froment de la culture des 100 hectares était de 12, 14 ou 16 francs, — alors que les produits de cette terre étaient inférieurs ou au plus égaux à ceux de la moyenne de France, qui est de 14 hectolitres pour le froment, — ce prix de revient doit être de 6, 7 ou 8 francs — dès le moment que les récoltes de cette démonstration sont le double de la moyenne de France : — production qu'on ne saurait me refuser lorsqu'on sait que nos bonnes cultures, qui pro-duisent en moyenne 30 hectolitres et plus de froment par hectare, — ne disposent qu'exceptionnellement de plus d'une tête de fumier par hectare.

2° Que par la division des 100 hectares en deux comp-tes, — la vacherie du compte prairie a non-seulement contribué à l'amélioration des 60 hectares de terres en culture, ainsi que nous venons de l'expliquer, — mais elle a encore réalisé en 10 ans, avec le concours de la ferme et des fourrages de son nouvel assolement, — à titre de bénéfice net et sans charge pour le sol, les résultats sui-vants :

— Tout le bétail de cette vacherie,

— La création de 40 hectares de prairies,

— Des constructions pour 25.000 francs,

— Et un produit annuel net de 20,542 fr. 50 c., plus le produit du compte réserve dont l'emploi judicieux a pour but d'assurer ce résultat, ainsi qu'il est dit à l'article précédent.

Tels sont les effets de l'exploitation nouvelle de ces 100 hectares et du système de vacherie avec lequel ils ont été exploités.

DIFFÉRENCE DE LA VALEUR DE MES FUMIERS

COMPARÉS AUX FUMIERS ORDINAIRES.

Après ce résumé énonciatif des faits, des explications sont nécessaires au sujet des fourrages dont je disposais, et des fumiers qu'ils devaient me donner, — parce que ce n'est que par eux que ces faits ont pû être obtenus, et que la démonstration devient réellement — une pièce qui ne permet aucun doute sur la possibilité d'arriver partout à ces résultats.

J'ai dit n'avoir besoin que du fumier de 130 têtes, savoir : celui de 90 pour les terres en culture, soit une tête et demie par hectare, et celui de 40 pour les prairies, soit une tête par hectare — pour amener simultanément — la culture des 60 hectares à la plus haute production, — et les 40 hectares de prairies à nourrir en moyenne 2 têtes 1/2 par hectare, soit un produit moyen de 15,000 kil. non compris les pâturages d'automne qui, suivant les pays et les années, ont une certaine importance.

Tout cultivateur pratique comprendra que des fumiers provenant de bestiaux *nourris à l'étable et avec des fourrages de première qualité*, sont en quantité plus considérable et de qualité supérieure à ceux d'un nombre égal de bestiaux nourris et tenus suivant l'usage ordinaire des cultivateurs.

Donc, à égalité de nombre de bestiaux, je dispose de plus de fumier, et il est de meilleure qualité.

Ajoutez à cela que, par mes dispositions d'écurie, je ne perds aucune partie des urines et que celles-ci fermentent en vases clos.

Donc encore, par cette disposition, j'ai un surcroît de matières fertilisantes.

Or, on sait que d'ordinaire le fumier d'une tête suffit pour avoir de très-belles récoltes, variant de 25 à 30 hectolitres.

On sait aussi que trop fumer expose à la verse, lorsque les terres n'ont pas un sol végétal suffisamment profond.

D'où il ressort que la quantité de mes fumiers, qui excéde les besoins d'une bonne culture est destinée, — simultanément avec mes enfouissements de récoltes vertes, — à enrichir, — approfondir, — ameublir successivement toutes les terres en culture, — et à les pourvoir d'humus, — conditions nécessaires qui facilitent le libre accès des eaux pluviales, — de l'air, et qui, aidées d'un bon système de drainage, s'il y a lieu, mettent la terre de la moindre valeur, et sans faire supporter aucune charge nouvelle au sol, — dans les meilleures conditions — pour fournir des récoltes abondantes et certaines ; — puisque les cultures se trouvent ainsi garanties tout à la fois contre les excès de sécheresse et d'humidité, — et pourvues abondamment d'humus dont le rôle est si important en toute saison.

Le fumier dont dispose la démonstration que je viens de communiquer suffit donc, et au delà, pour arriver à une production double, soit 28 hectolitres au lieu de 14 hectolitres, qui est la moyenne actuelle de nos céréales.

Dès lors, j'ai pu disposer, en faveur d'une deuxième ferme de 156 hectares, des fourrages dépassant la quantité nécessaire pour nourrir le bétail de cette ferme, afin de prouver :

Que ma méthode, une fois introduite dans une culture, — et quelle que soit l'importance de la démonstration primitive, — non-seulement amenait cette terre à une amélioration intégrale et sans charge pour le sol, dans un temps en rapport avec sa nature et l'importance de cette démonstration primitive, — mais qu'elle peut encore disposer d'un excédant de fourrages pour l'amélioration d'autres terres, en les détournant de leur destination ordinaire, qui est — de les faire servir à l'engraissement ou à l'élève, suivant que l'ordre d'expérimentations de la ferme qui les a produit l'exige.

ARTICLE FOURRAGES

Après ces explications sur les fumiers, il me reste à en donner, de non moins importantes, sur les fourrages dont je disposais, dans cette expérimentation, et sur leur emploi.

Je vais dire tout d'abord en quoi consiste la ration moyenne de fourrage d'une tête de bétail nourrie suivant mon système de vacherie et d'engraissement.

Cette ration varie nécessairement en raison de la force

du bétail, et pour que la possibilité d'en avoir en suffisance, quoiqu'il arrive, ne puisse jamais m'être contestée,
et soit acceptée comme une vérité ou un fait incontestable,
— mes dispositions de culture et de consommation sont
telles que — dans tous mes assolements — *je produis plus
de fourrages que ceux nécessaires.* De la sorte, je dispose
toujours d'une quantité assez notable de fourrages hors
compte, c'est-à-dire — non compris dans la quantité
destinée à la consommation.

Cette manière d'opérer a pour but non-seulement de
n'être jamais en défaut et d'avoir toujours un boni dépassant les comptes que je communique, mais aussi de pouvoir vendre des fourrages ou de les faire consommer par
des bestiaux à l'engrais, suivant qu'il y a lieu.

*Consommation de l'herbe et du foin dans les conditions
normales.* — Ma ration d'été, dite au vert, commence par
l'herbe, du premier mai au mois de juillet compris; —
elle consiste en une quantité équivalente à celle de 16 kil.
1/2 de fourrage sec, soit pour les 130 têtes de cette démonstration, — de 2,145 kil. par jour, et de 65,766 kil. 66 par
mois — soit la production, à raison de 15,000 kil. par
hectare, — de 4 hectares 39 ares pour la consommation
d'un mois.

Cette consommation en vert, devant durer trois mois,
nécessite les fourrages de 13 hectares 17 ares.

Je comprends dans la ration de consommation des mois
de janvier, février, mars et avril le foin dans une proportion de 8 kil. par ration, soit, par jour, 1,040 kil. pour
les 130 têtes, et par mois 31,200 kil. — et pour les quatre
mois d'hiver 8 hectares 32 ares environ.

Soit un total de 21 hectares 49 ares pour la consommation d'été et d'hiver.

Ainsi, sur 40 hectares de prairies, il me reste disponible
le fourrage de 18 hectares 51 ares, plus le pâturage de l'arrière-saison, — c'est-à-dire la repousse après la troisième
coupe de fourrage qui se fait suivant les années et les pays,
fin d'août ou première quinzaine de septembre.

Donc, avec un excédant semblable, le cultivateur a une
marche assurée pour subvenir à bien des éventualités, —

et, s'il n'y a pas lieu, il peut disposer de ce surcroît de fourrages en faveur de l'élevage pour le commerce, ou pour
l'engraissement, suivant ses intérêts.

Consommation du maïs. — La ration en vert varie de
40 à 45 kil., suivant le moment de la coupe et la force
des bestiaux.

La consommation de ces fourrages commence en août
sur la partie de la récolte traitée pour maïs-foin. Ce mode
de culture donne une seconde coupe de maïs qu'on utilise
suivant les localités, soit en la faisant sécher, soit en la faisant consommer en vert, soit encore en la convertissant
en litière, si elle n'est pas bien rentrée.

En septembre, la consommation commence par le
maïs, le plus avancé des autres modes de culture, et dure
jusqu'à la fin de décembre, à moins de temps contraires.

En novembre et décembre, je ne donne que demi-ration
de maïs, parce que l'autre demi-ration est fournie par la
betterave.

Je nourris donc, à ration entière avec le maïs, 130 têtes
de bétail pendant les mois d'août, septembre et octobre, —
plus à demi-ration en novembre et décembre — soit quatre
mois à ration entière.

Ainsi, en supposant même une ration moyenne de
45 kil., en raison de sa consommation à des degrés plus
ou moins avancés, la consommation par jour est de
5,850 kil., et par mois de 178,425 kil.

Or, comme avec les fortes fumures que je donne je puis
arriver à un maximum de récoltes dans les années favorables, et que ce maximum s'élève à 100,000 kil. et plus,
— ma moyenne réelle est de 80,000 kil. par hectare, —
mais le plus grand nombre des cultivateurs n'obtiennent
pas cette production qui pourrait paraître trop forte ; j'ad-
mettrai donc, pour cette démonstration seulement, la quantité de 60,000 kil. comme moyenne, soit par mois le fourrage de 3 hectares environ et, pour les 4 mois de 12 hectares.
Il me reste donc encore 3 hectares libres, tout en prenant
pour moyenne un minimum de récolte inadmissible avec
mes fortes fumures.

Consommation de la betterave. — D'après les détails qui précèdent, la betterave doit fournir à la consommation par moitié, depuis le mois de novembre jusqu'au mois d'avril compris, soit pendant six mois.

Tout agriculteur pratique qui a cultivé la betterave globe jaune avec de fortes fumures, doit savoir qu'on peut obtenir jusqu'à 100,000 kil. et plus par hectare, et qu'une moyenne de 60,000 kil. est très-modérée.

Pour moi, elle est au moins de 80,000 kil. Je n'admets donc une moyenne de 60,000 kil. que parce qu'elle dépasse même la quantité nécessaire aux 130 têtes de bétail dont il me faut le fumier.

Ma ration moyenne étant de 30 kil. par jour, la consommation d'une journée est de 3,900 kil., et par mois de 117,000 kil., soit la récolte de 2 hectares environ, à raison de 60,000 kil., — ce qui, pour 6 mois, fait environ 12 hectares.

Donc, même avec cette production réduite, il reste encore un excédant de 3 hectares, — plus toutes les feuilles d'une récolte de 15 hectares.

On comprendra que 80,000 kil. par hectare est une moyenne modérée, lorsqu'on saura que, par des dispositions toutes particulières de culture, l'are est occupé primitivement par 600 betteraves et donne en raison du nombre — une récolte égale par les années sèches à celle d'une année ordinaire, — et comme par les années favorables ce nombre est réduit durant la végétation à mesure que les betteraves deviennent trop serrées, — j'obtiens ainsi, et quelle que soit l'année, une moyenne d'au moins 80,000 kil.

Mais, afin de ne pas donner lieu à des explications sans portée utile, je maintiens pour cette démonstration 60,000 kil., — ce qui, ainsi que je l'ai déjà expliqué, me donne néanmoins un excédant disponible de 3 hectares.

De ces explications, il résulte : — que les 130 têtes composant le bétail des deux établissements, qui font le sujet de cette démonstration, consomment :

Foin. — Ration entière pendant trois mois (mai, juin, juillet).
Demi-ration pendant quatre mois (janvier, février, mars, avril). } Total.. 5 mois.

Maïs. — Ration entière pendant trois mois (août, septembre et octobre).
Demi-ration pendant deux mois (novembre et décembre). } Total.. 4 »

Betteraves globe jaune. — Demi-ration pendant six mois (novembre à avril compris). } Total.. 3 »

Total.......... 12 mois.

Je dois faire observer encore :

1° Qu'après la troisième coupe de fourrages, les prairies donnent encore des produits qui varient suivant les années et les localités.

2° Que le produit des betteraves trop serrées lors des bonnes années, — et les feuilles des 15 hectares, — donnent un supplément notable de fourrages.

Seigle. — Je fais aussi une récolte de 15 hectares de seigle coupé en vert, en avril ou en mai, suivant les pays, pour être séché et destiné à être coupé au hache-paille, et être ajouté, ainsi que le maïs foin, pour le cas où il y a lieu d'augmenter la ration des bestiaux.

Ce fourrage et le maïs rentrés secs ne sont pas toujours en état d'être fourragés, suivant qu'ils ont été plus ou moins avariés lors de leur rentrée.

Dans ce cas on convertit en litière la partie mal rentrée.

D'où l'on peut conclure — qu'en tenant compte — des pâturages, — des feuilles de betteraves, — des arrachages de betteraves par les années favorables, — et de la seconde coupe de maïs-foin, — on peut prélever 10 hectares de litière sur les 15 hectares de seigle et les 15 hectares de maïs, dont trois hectares sont encore libres ainsi que la partie des douze autres hectares qui donne une deuxième coupe. — On observera encore que ces fourrages donneront un fumier de qualité supérieure, qui, ajouté à la paille de

15 hectares d'avoine et autant de froment, — donnent 40 hectares de litière. Toutefois on ne recourt à cette manière d'augmenter la quantité de fumier, — que lorsqu'on a des fourrages avariés, ou qu'il y a nécessité d'ameublir profondément des terres fortes.

LITIÈRE.

Par mon système d'exploiter la terre, mes bestiaux couchent sur un plancher, afin de m'assurer toutes les urines. A la rigueur 2 kil. de litière peuvent me suffire, et je dispose en moyenne de trois.

Je ne traiterai pas cet article, il fait partie de la brochure qui paraîtra en 1875, et qui complétera, par ses communications, à prouver tout ce qu'on peut espérer de ma méthode d'amélioration agricole.

Après les explications que je viens de donner sur mes fourrages, je crois encore utile de dire que, si je n'ai fait figurer dans ma démonstration qu'une production de 7,000 litres de lait par hectare, lorsque je prouve, par un compte d'une de mes vacheries, — une moyenne par année de 3,650 litres de lait par vache, — c'est que j'ai jugé cette production, par hectare, suffisante — pour, même avec une partie de la vente du lait, — rembourser toutes les dépenses en dix ans. Je fais donc observer que, — pouvant nourrir deux têtes et demie par hectare, — c'est bien un produit de 9,000 litres de lait par hectare que cette pièce justifie.

Mais ces résultats ne peuvent être obtenus avec nos routines locales. Il faut que mes imitateurs acceptent et suivent avec soin mes principes de culture et d'exploitation ; car, sans leur observation rigoureuse, ils n'obtiendront que des demi-succès.

Je le répète intentionnellement ; ma question n'est pas française seulement, — elle est humanitaire ; — j'ai donc dû la faire connaître comme telle. — Mes offres, pour en faire profiter tout particulièrement mon pays, témoignent de mes sentiments de patriotisme, — mais il me faut le concours que je réclame, pour que ce dévouement, tout naturel, ne s'épuise pas en vains efforts.

Détails sur mon exploitation de 976 hectares

(TERRES ET CLIMAT DE LA SOLOGNE)

Et sur les explications que j'ai promises à l'Assemblée nationale, — pour faire ressortir, par l'exemple, la décision de M. le maréchal Vaillant, — les inconvénients d'un changement de ministre, lors d'une opération en cours.

Lorsque j'ai acheté cette terre, elle rendait au propriétaire environ 6 à 7 francs par hectare.

Elle consistait en trois fermes et autant de manœuvreries, ayant ensmble 500 hectares en culture, dont environ 3 hectares en mauvaises prairies. Le reste de la propriété était en terres vagues, — terres marécageuses, —une petite partie était en bois et deux étangs.

J'entrai en jouissance à mesure de l'expiration des baux, et je convertis successivement 600 hectares en semis de pins, destinés à être exploités en résinières avec pâturages sous bois. Ces 600 hectares furent pris, tant sur les terres en culture — que sur celles que je défrichais, — et celles que j'assainissais. Les opérations durèrent 16 ans.

En 1855, le moment était venu de compléter mes améliorations par une marche plus rapide, c'est-à-dire, de quadrupler successivement le nombre des120 vaches et génisses qui se trouvaient dans l'établissement (1).

Il me fallait aussi les constructions pour loger ce nombreux bétail, car, jusqu'alors je m'étais servi des bâtiments des fermes, et je n'avais même pas fait de constructions pour habitation de maître.

Je fus arrêté dans mes travaux parce que, par suite de la suppression des postes par les chemins de fer, et de fortes pertes — sur mon établissement de poste de Saverne — qui en furent la conséquence, j'avais été obligé d'emprunter160,000 francs sur mes propriétés de Saverne, que je ne pus vendre alors, — les fonds se portant tous sur les chemins de fer. Je ne pus donc faire ni les constructions nécessaires, ni les achats de vaches d'un grand produits.

---

(1) Mes fourrages étaient d'une qualité tellemement supérieure et le lait de mes vaches si substantiel — que, transporté d'une des fermes à la fromagerie, des parties butireuses y surnageaient à son arrivée.

Je fus aussi privé du capital qu'on s'était engagé à me livrer, parce qu'on trouvait plus avantageux de placer les fonds sur des actions de chemin de fer.

Outre ces causes, je fus atteint de rechef des fièvres dites de Sologne, dont j'avais souffert déjà à différentes reprises, durant ces seize années.

J'avais déjà perdu mon régisseur, à la suite des mêmes maladies, et je perdis aussi trois des hommes que j'avais amenés de l'Alsace et de la Suisse ; d'autres me quittèrent, ne pouvant supporter le climat de la Sologne.

Mon fromager et mes vachers, moins un, m'avertirent également qu'ils ne pouvaient rester dans la localité, pour les mêmes motifs.

Ma fille aînée, qui était avec moi, fut aussi obligée de quitter le pays, à cause des fièvres.

Ne pouvant continuer mon système de vacherie et l'exploitation de ses produits avec des hommes qui n'étaient pas habitués à ces travaux, et les hommes du pays étant eux-mêmes souvent atteints de la fièvre, je dus renoncer à les former à mon système.

Mon état de santé, déjà très-compromis, me força de renoncer à cette exploitation.

Je me décidai alors à vendre, et je fis des annonces à cet effet.

Pour donner une idée des résultats que j'avais obtenus, je communiquerai à Messieurs les Députés une estimation contradictoire faite par un des estimateurs le plus connu, M. Allard, ancien inspecteur des forêts, habitant Paris. — Son estimation prouve que j'avais plus que quintuplé le prix réel d'achat, après déduction des valeurs mobilières, et elle confirme les détails rapportés page 25 et suivantes de ma brochure publiée en 1872.

Je remettrai, pour les confirmer, un mémoire, rendu public en 1856, et *un tableau expliquant les applications différentes de ma méthode et les résultats que j'avais obtenus.*

J'y joindrai aussi une délibération de la Commission des pétitions du Conseil d'État, auquel je m'étais adressé, en vue de faire profiter mon pays du fruit de mes travaux. On y remarquera la déclaration que M. Dubessey, ancien préfet du Loiret, a faite au Conseil d'État.

Ces pièces réunies prouvent que j'eusse réalisé de grands bénéfices si j'avais pu continuer l'exploitation de cette terre.

Je communiquerai également une offre d'achat de la moitié de cette terre, qui fera ressortir la justesse de l'estimation faite par M. Allard.

Je ne puis, dans cet opuscule, rendre public cet ensemble de pièces, parce que, — devenu victime de ma confiance, — je possède aujourd'hui des documents qui me permettront, avec d'autres pièces que j'ai l'espérance de me procurer, — de porter en temps et lieu devant les tribunaux ma réclamation contre une entente que la loi réprime, — mais dont il faut pouvoir démontrer le fait blâmable lorsque surtout il est très-grave.

Ces mêmes pièces, — moins celle sur cette propriété, qui avait été égarée pendant ma dernière maladie, et que j'ai retrouvée providentiellement à la fin de 1871, — ont été soumises, en 1857, à M. Vicaire, administrateur des biens de la Couronne. *Ce sont elles qui ont fait considérer comme non avenu le Rapport dont parle ma lettre à M. Marie, directeur au Ministère de l'Agriculture, placée en tête de ma brochure publiée en* 1872.

Après ces détails sur ma propriété, il me reste à expliquer comment, faute d'en avoir connaissance, M. le maréchal Vaillant a pris, en 1861, la décision dont parle ma communication à l'Assemblée nationale, et qui est rapportée avec les détails qu'elle comporte page 44 de ma brochure publiée en 1872. (Voir aussi les pages 42 et 43.)

Les motifs donnés pour cette décision sont :

« Les charges toujours croissantes de la liste civile ne » permettent pas, en ce moment, de disposer, en votre » faveur, d'un capital de quelque importance, etc., etc. »

Les lettres que M. le maréchal Vaillant m'a fait l'honneur de m'écrire prouveront, avec les pièces déja citées de ma propriété, que, — s'il eût connu ces dernières, il eût été renseigné comme l'a été M. Vicaire en 1857, et très-probablement il n'eût pas laissé maître de cette question le chef de la division des Cultures, qui n'a pas craint, en alléguant les motifs ci-dessus rappelés, d'obliger M. le maréchal Vaillant d'annihiler les décisions de l'empereur.

En terminant ma communication à l'Assemblée nationale, j'ai appelé tout particulièrement son attention et celle du Gouvernement sur la nécessité d'une loi, — afin que les décisions à intervenir pour les démonstrations à faire aient leur cours, — et qu'aucun changement possible ne prive le pays de la continuation des opérations que le Gouvernement et l'Assemblée nationale jugeront nécessaires.

Motifs pour lesquels je ferai une demande d'audience à plusieurs de MM. les Ministres.

Après ces communications et celles qui seront soumises au Gouvernement et à MM. les Députés, lors de la réunion que j'ai provoquée, je crois devoir rappeler qu'à différentes reprises j'ai parlé des soins tout particuliers que réclament les améliorations de mon système de culture.

Il est des mesures qu'on ne saurait négliger sans manquer d'atteindre le but; elles ne consistent pas seulement dans les études d'applications et dans les démonstrations aux portes de Paris, — que j'offre de faire dans la mesure de mes moyens, — mais il importe surtout que mes améliorations agricoles soient communiquées et expliquées à la classe la plus nombreuse des cultivateurs — à celle des hommes pratiques, mais non lettrés qui restent, en quelque sorte, en dehors des progrès de la science, — faute de mesures qui les mettraient à leur portée.

Pour obvier à cette situation, et aussi pour me conformer à la communication que j'ai eu l'honneur de faire à l'Asemblée nationale, je prendrai la liberté, en adressant mes brochures à MM. les Ministres, de solliciter des audiences dans lesquelles je m'engage à satisfaire aux observations qui me seront faites au sujet des communications qui suivent, et qui sont également relatives à mes offres d'intérêt général.

Je demanderai à **MM.** les Ministres de l'Intérieur et de l'Instruction publique de me faciliter les moyens de former à mes procédés de culture la classe qui a le plus besoin d'être instruite, celle des ouvriers agricoles et des petits cultivateurs exploitant leurs terres. Cette classe manque de toutes les facilités d'instruction dont disposent les propriétaires et les exploitants des grandes cultures.

Je dois d'autant plus attirer l'attention du Gouvernement sur cette classe si nombreuse, — que c'est parmi eux que les propriétaires et les exploitants des grandes cultures trouveront des hommes intelligents et pratiques pour introduire mon système d'améliorations dans leurs cultures. — *Je dois le dire bien haut,* — *il faut, pour réussir, non-seulement connaître mes principes et les appliquer,— mais il faut surtout encore les soins et l'intelligence pratique qu'ils exigent, — sans lesquels on n'arrivera jamais à obtenir tout ce que ma méthode promet* (1).

Voué par goût aux recherches agricoles, — possédant, sur la matière, des connaissances que j'avais acquises en suivant les cours d'il y a plus d'un demi-siècle, — ayant aussi étudié l'art vétérinaire, dont j'ai obtenu le diplôme; — je n'étais pas dans des conditions ordinaires, lorsque j'ai succédé à mes parents. Eh bien, je l'avoue, — je dois une grande partie de mes succès à ces hommes pratiques, non-seulement, — parce que j'y ai trouvé des serviteurs dont certains ont partagé mes travaux pendant plus de trente ans, mais aussi — parce que leurs observations justes m'ont souvent été très-utiles dans mes expérimentations.

Cette digression a donc pour but de répéter — que c'est dans l'instruction de cette classe si nombreuse — que réside la propagation du progrès agricole. La raison est, — que travaillant eux-mêmes ils comprendront mieux que personne — que mes hautes productions ne peuvent être obtenues qu'en se conformant à mes instructions, à l'ordre, aux soins, et en exécutant avec intelligence

---

(1) Il importe de prendre en haute considération les explications que je donne à partir de la page 62 et qui finissent à la page 67, — par une observation péremptoire dans l'intérêt du pays.

l'ensemble des opérations de mon système d'améliorations agricoles.

Mes explications à MM. les Ministres prouveront — qu'il est possible de mettre ces cultivateurs à même de connaître tous les avantages de ma méthode — par des enseignements qui leur seraient donnés dans les soirées de l'hiver — alors que les cultivateurs] ont du temps libre. — Ce cours serait fait par MM. les instituteurs. Les explications qu'ils donneraient à ces hommes pratiques provoqueraient entre ces cultivateurs des controverses qui, certainement, amèneraient aux applications les plus avantageuses pour chaque localité.

L'intérêt commun des exploitants, — des propriétaires, — et des hommes désirant le progrès, ferait accueillir, je n'en doute pas, avec bonheur, une décision qui permettrait en même temps d'augmenter de quelques centaines de francs les honoraires des instituteurs. — Que serait, en effet, une augmentation de quelques francs à prélever sur les terres de chaque commune, en regard du bien général qui résulterait de cette mesure, et des grands avantages qu'en recueilleraient en particulier les propriétaires ?

A M. le Ministre de l'agriculture et du Commerce, j'aurai l'honneur d'expliquer aussi, comment — par les moyens que je propose notre agriculture peut arriver, très promptement, à obtenir les produits de la terre aux prix de revient les plus réduits, et profitant alors de tous les avantages de mon système de culture, ne pas être dominée par l'agriculture étrangère qui, — elle aussi, — étudie ma méthode.

Dans une visite que j'aurai l'honneur de faire à M. le Directeur de l'agriculture, je le prierai — vu que le moment des semailles approche, — qu'il veuille bien, — après avoir pris connaissance de ma communication à l'Assemblée nationale, — m'accorder son concours et me donner la liste de toutes les Sociétés et Comices d'agriculture, pour que je puisse leur adresser, le plus tôt possible, ma communication.

A M. le Ministre de la guerre, je demanderai qu'il veuille me mettre en rapport avec la commission du génie militaire chargée des fortifications, afin d'obtenir qu'on destine les terres du fort d'Issy, qu'on déclasse, pour y démontrer pratiquement les justifications énoncées dans ma communication à l'Assemblée nationale, et, si on le désire, je communiquerai le moyen d'utiliser, — sans charge pour l'administration de la guerre, et à son plus grand avantage, — toutes les parties libres des terrains des fortifications qui entourent Paris.

INSTRUCTIONS

AU SUJET DU CONCOURS GÉNÉRAL, DONT PARLE MA COMMUNICATION, ET QUE JE SOLLICITE LE GOUVERNEMENT D'ACCORDER.

Il est incontestable qu'une expérimentation dans la France entière, ainsi que je la demande, sera inévitablement faite dans des conditions bien différentes de terre, de climat et d'aptitude des exploitants.

Or, au risque de me répéter, je vais rappeler les conditions les plus essentielles pour en assurer le succès. Je déclare comme indispensables les essais par are, à faire sur les plantes indiquées page 64, de la brochure de 1872, — attendu qu'ils ont pour but de fixer les exploitants, — sur la valeur particulière de chaque plante, — sur la terre où l'opération a lieu — et sur le plus ou moins de difficultés qu'offrent les sols différents pour y enterrer les diverses graines (1).

J'insiste donc sur ces essais, non-seulement, parce qu'ils feront connaître expérimentalement les moyens à employer pour enfouir suffisamment les graines de chacun des quatre semis différents, mais aussi parce que leurs résultats ser-

---

(1) Il faut par are, savoir Raigras anglais 600 gr., crételle 250 gr., fétuque des prés 500 gr., fétuque élevée 500 gr., fleure odorante 400 gr., vulpin des prés 350 gr., dactyle 400 gr., fromental 1,000 gr., paturin des prés 250 gr., paturin des bois 250 gr., houlque laineuse 250 gr., brome des prés 500 gr., fétuque rouge 300 gr.

viront à fixer chaque cultivateur sur la composition définitive qui lui conviendra le mieux pour son exploitation particulière.

Lorsque je traiterai de mes assolements et des applications différentes de ma méthode, on reconnaîtra combien il est important que chaque cultivateur puisse se guider afin d'arriver à obtenir le plus de bénéfices nets.

Or, comme il importe de faire des semis bien garnis, ni trop clairs — ni trop épais, — on devra acheter non-seulement, la meilleure qualité de graines, mais il faut aussi, pour arriver à un semis bien égal, que le semeur soit assez cultivateur pratique pour atteindre le résultat demandé.

Je vais m'expliquer :

Les graines de mes quatre compositions demandent à être enterrées légèrement mais suffisamment, c'est-à-dire à la profondeur en rapport avec la graine et la terre.

Le temps qui suit le semis, — oblige à rouler la terre plus ou moins fortement, et dans certains cas on ne doit pas la rouler. — La raison est que si la terre a été roulée et qu'il faille regarnir un semis, il pourrait arriver que, malgré la finesse des graines de la 5ᵐᵉ composition, on ne parvînt pas à leur donner assez de terre par un léger coup de herse. C'est cette crainte qui est cause que souvent je ne me sers pas du rouleau immédiatement après les semis et que je n'y recours que lorsque j'ai reconnu que le semis est égal et bien réussi ; — et c'est pour pouvoir opérer ainsi que je fais certains semis un peu tard, pour n'avoir pas à redouter des temps de hâle par lesquels —ne pas rouler le semis — c'est s'exposer à le perdre.

La réussite des semis réclame donc toute l'intelligence du cultivateur, — c'est à lui à les assurer par une répartition égale des graines, — à les enterrer le mieux possible eu égard à la terre, — et à se servir du rouleau suivant qu'il y a lieu.

Il est donc bien entendu que ce n'est que pour réduire les mauvaises chances que je recommande de ne faire les semis que lorsqu'on n'a plus de sécheresse à craindre ; car les semis tardifs ont de grands inconvénients, suivant les localités où l'on opère.

Pour le cas de semis tardifs, je recommande expressément de donner 100 ou 200 kilog. de bon guano du Pérou par hectare.

Je le répète encore, la réussite des semis dépend entièrement de l'intelligence du cultivateur. Règle générale, ce sont les enfouissements des semis par are qui doivent guider le cultivateur, s'il doit semer chaque composition telle qu'elle est, ou s'il doit la semer en deux fois en réunissant dans chacun des deux semis les graines qu'il a eu plus ou moins de difficulté ou de facilité à couvrir.

Je fais cette distinction principalement pour le concours général, afin de rendre les exploitants plus attentifs sur les précautions à prendre suivant les terres où ils opèrent.

Cela est d'autant plus nécessaire que, dans ce premier volume, je ne traite que d'une de mes prairies, et qu'on ne sera entièrement édifié sur les soins qu'exige mon système de prairies et d'améliorations que par la dernière partie, qui sera publiée en 1875. Dans la crainte qu'une expérimentation faite dans des conditions aussi différentes, compromette la germination d'un nombre plus ou moins grand de graines, j'invite mes souscripteurs à ajouter 1 kilo de dactyle pelotonné à chacune des 4 compositions, et comme cette addition de graines facilitera la division des semis, je conseille pour les cas de difficultés à couvrir convenablement les graines, de diviser les 2me, 3me et 4me compositions en faisant pour chacune un lot de graines difficiles à enfouir et un second pour les plus faciles.

Nota. Ce sont les semis par are et l'enfouissement des graines au râteau qui devront indiquer à l'exploitant, s'il doit semer les grosses graines à part ou faire le semis sans diviser la composition.

Je saisis cette occasion pour inviter mes imitateurs à ne pas manquer de donner au printemps 1875 — aux prairies créées en automne 1873, — 300 à 600 kilos de bon guano. Cette fumure devient nécessaire si le fumier, provenant des fourrages de leur récolte en 1874, n'a pas été donné en temps voulu ou s'il est insuffisant pour produire une très-forte végétation.

EXTRAITS DE QUELQUES LETTRES

TANT DE LA FRANCE QUE DE L'ÉTRANGER

DONT LA COMMUNICATION FAIT CONNAITRE — L'INTÉRÊT QUE
LA NOUVELLE MÉTHODE DE CULTURE INSPIRE.

Ces lettres sont au dossier, pour le cas de vérification. J'en serai porteur toutes les fois que je serai appelé devant une commission.

Je crois inutile d'expliquer pourquoi je ne désigne les lettres que par départements et par ordre de numéros.

Je joins à ces lettres une centaine d'autres que l'on n'imprime pas. Toutes prouvent que le monde agricole de tous les pays s'occupe de cette question.

N° 1. — Département de la Haute-Vienne.

(Cette lettre traite à fond des améliorations agricoles et de mon système.) « J'ai l'honneur de prier MM. les membres des Commissions de l'Assemblée nationale, qui s'occupent de ma question, d'en prendre connaissance. »

» Monsieur,

» J'ai voulu lire votre publication avant de vous en accuser réception et de vous témoigner ma reconnaissance pour la peine que vous avez bien voulu prendre en me l'adressant vous-même. Votre indulgence excusera, j'en suis convaincu, un retard qui condamne votre empressement à me satisfaire ; merci donc à double titre.

» Je suis heureux de trouver dans votre méthode la justification, par une longue pratique, des principes que dirigent mes récents efforts en agriculture ; principes qui je peux formuler ainsi :

» Nécessité et puissance de labours profonds ; nécessité préalable d'assainissement des terrains ; utilité, plutôt que nécessité, de l'arrosage des prairies permanentes ou temporaires dans les sols profondément défoncés et de fertilité puissante par nature ou par art ; suffisance de la moitié de l'engrais produit par la moitié de la récolte pour obtenir la continuation d'une fertilité acquise sur les prairies naturelles.

» En demandant, pour ces prairies, tout le fumier provenant de leur récolte pour en maintenir la fertilité acquise, la critique s'attache trop absolument à la loi de la restitution. Elle ne tient pas assez compte, à mon avis, de ce fait constant que la prairie permanente donne chaque année, et dans nos contrées, sans recevoir aucune restitution d'engrais, une récolte en foin, quelquefois en regain, et toujours en pâturage d'arrière-saison qui alimente les animaux de la ferme, dont l'engrais est, en totalité, de temps immémorial, employé dans les terres arables.

» Si une prairie peut, sans aucune restitution, donner un tiers, moitié ou toute autre partie aliquote de la récolte qu'elle produirait fertilisée et fumée, comment peut-on croire qu'il faille la restitution totale pour obtenir la partie de récolte que la fertilisation artificielle seule lui fait produire ? Ce serait quelquefois exiger la restitution du double pour avoir le simple.

» Du reste, dans les contrées où comme dans le centre de la France, le beau temps n'est, le plus souvent, arrivé qu'après la première quinzaine de juin, ne serait-il pas imprudent de développer, par une restitution complète, une fertilité trop précoce qui exposerait l'herbe ou à pourrir sur pied ou à pourrir fauchée? Dans le midi on peut pousser à la production sans avoir à craindre l'inconvénient de cette trop grande précocité. Dans nos contrées, il ne faut pas trop pousser à la production hâtive, sous peine de faire du mauvais foin. Une complète restitution aurait ce résultat, on peut l'éviter en fumant pour la deuxième coupe.

» Votre système est si rationnel, si utile, si progressif qu'on s'étonne à bon droit que des esprits des plus distingués en agriculture aient cherché à le combattre. Sans doute vous n'avez pas inventé la prairie permanente; vous n'avez pas cette prétention, comme vous le dites vous-même, mais, par l'amélioration de la prairie et de la terre en général, vous avez poussé l'agriculture dans sa véritable voie de progrès. Ajouter aux méthodes établies, aux pratiques suivies, n'est-ce pas inventer quelque chose? On vous doit reconnaissance pour quelque chose ajouté par votre méthode.

» Nous ne sommes plus au temps où l'élève du bétail était considéré comme un *mal nécessaire*: il faut renverser les termes pour avoir la vérité, et la prairie naturelle est la base, *sine quâ non* de toute bonne agriculture pour la production de la viande et celle des engrais. Répétons la formule de Jacques Bugault: *Petit fumier, petit grenier ; si tu veux avoir du blé, fais des prés.*

» Je crois si fermement à l'efficacité de votre système, que je vais m'efforcer de mettre votre méthode en pratique, du moins autant que cela me sera possible, et pour avoir un guide plus complet, je vous prie de m'inscrire pour la publication que vous réservez à l'an prochain, et à laquelle j'entends souscrire désirant la lire le plus tôt possible : voici cinq francs pour ma souscription aux deux.

» En attendant, veuillez, je vous prie, Monsieur, agréer, avec mes remerciements, l'assurance de ma haute considération. »

N° 2. — Département de la Charente-Inférieure.

« J'ai l'honneur de vous accuser réception de votre remarquable ouvrage intitulé : *Procédé de Culture*, amenant une amélioration radicale dans le mode d'exploitation, etc. Je vous remercie, au nom de *la Société d'agriculture de Saint-Jean-d'Angély*, de l'envoi que vous avez bien voulu lui faire, et je viens vous exprimer de sa part tout l'intérêt que nous porterons à des études ayant pour but de démontrer la possibilité d'appliquer dans nos contrées des procédés de culture dont l'emploi journalier permettrait à notre pauvre France de panser ses blessures et hâteront pour elle le jour où elle pourra arracher des mains de l'étranger les fils qu'il lui a ravis !

» Dans l'espoir que vous voudrez bien nous tenir au courant de vos démarches... »

N° 3. — Département de la Vienne.

(La lettre qui porte ce numéro est d'un propriétaire-cultivateur très capable. J'engage mes lecteurs à la lire.)

Je transcris le passage suivant, qui donne une idée de la lettre :
« Je me disposais à vous écrire, lorsque j'ai reçu, il y a quelque jours, votre petite Notice contenant le rapport de M. Chevreuil sur votre méthode d'amélioration. Je lis toujours avec le plus grand intérêt tous vos écrits sur ces matières, et plus j'approfondis votre système de culture, dans la limite toutefois où il m'est permis de le connaître, plus je le trouve rationnel et conforme à ma manière de voir. »

N° 4. — Département de la Haute-Vienne.

(Cette lettre est du même département que la précédente, et non moins approbative. Toutefois, sa lecture prouve qu'il est d'intérêt général de guider les cultures arriérées, en leur indiquant de meilleurs procédés d'exploitation.)

Nº 5. — Département du Finistère.

« Après avoir lu votre intéressante brochure envoyée à la *Société d'agriculture de Brest*, comme hommage, je viens vous prier de m'envoyer le plus tôt possible votre brochure qui traite de vos prairies naturelles, et qui a dû paraître du 20 au 25 août dernier. »

Nº 6. — Département de la Nièvre.

« J'ai lu avec plaisir vos explications sur les procédés de culture basés sur des expériences faites par vous, et vous annoncez une nouvelle brochure qui indiquera le moyen d'employer votre système. C'est cette brochure que je désire posséder, et je viens vous la réclamer. »

Nº 7. — Département des Landes.

« Je vous remercie de l'envoi gratuit et spontané que vous avez daigné me faire d'un exemplaire de vos procédés de culture. Je l'ai lu et relu avec le plus vif intérêt.

» Je vous prie de vouloir m'adresser *franco* votre brochure qui traite des prairies naturelles, dont le prix est ci-joint en huit timbres de 25 centimes.

» Je vous serais encore bien obligé, si vous daigniez me donner avis des autres brochures, que vous avez la louable intention de publier aussitôt qu'elles seront imprimées. »

Nº 8. — Département du Gers.

« J'ai vainement demandé à plusieurs libraires de Paris vos notices sur votre méthode d'amélioration agricole et sur vos procédés de culture.

» M. G. Masson m'écrit que vos ouvrages ne sont pas dans le commerce, et qu'il faut s'adresser à vous. Je viens vous prier, Monsieur, de vouloir bien avoir l'obligeance de m'envoyer vos notices, ou de vouloir bien me dire où je pourrais me les procurer. Je suis inconnu de vous, Monsieur ; malgré cela, je viens avec confiance, au nom du progrès agricole, vous prier de me rendre ce service.

» Je veux essayer de transformer une partie de mes terres en prairies, et je serais bien heureux de pouvoir appliquer votre méthode. »

Nº 9. — Département du Gers.

(Seconde lettre du même.)

« Je vous remercie infiniment de la bonté que vous avez eue de m'envoyer votre brochure sur vos procédés de culture. J'ai tout lu avec le plus vif intérêt. Il me tarde bien de pouvoir lire, et ensuite appliquer votre traité sur les prairies naturelles.

» Je vous prie, Monsieur, de vouloir bien m'inscrire parmi les souscripteurs les plus empressés à votre brochure sur les prairies naturelles. »

Nº 10. — Département de la Gironde.

(Extrait de cette lettre.)

« J'ai reçu et lu avec une grande attention vos deux brochures que vous avez eu la bonté de m'envoyer.

» Vous promettez une brochure indicative, pour fin juin prochain. Je vous prie de m'inscrire sur votre liste de souscription. »

Nº 11. — Alsace.

(Extrait de cette lettre.)

« J'ai lu avec beaucoup d'intérêt l'article de M. Chevreul sur vos travaux agronomiques ; j'ai aussitôt fait demander des brochures par mon libraire. Jugez de mon désappointement, quand je vis sur une des premières pages que vos autres publications étaient épuisées. N'y aurait-il donc plus moyen de se procurer celles de ces publications qui exposent l'ensemble de votre système. »

Nº 12. — Département de la Somme.

(Cette lettre prouve qu'il serait nécessaire d'avoir la possibilité de correspondre avec les souscripteurs.)

Nº 13. — Département de la Loire-Inférieure.

« Lorsque j'occupais la chaire d'agriculture de l'école du Grand-Jouan, il y quelques années, j'ai fait mon possible pour me procurer tout ce qui avait été publié concernant vos procédés de création de prairie à grand rendement, mais mes recherches n'ont abouti à aucun résultat. Je l'ai vivement regretté alors, parce que, d'après ce que j'avais entendu dire de votre système, il me semblait que nous devions avoir beaucoup d'idées communes, et qu'ainsi mon enseignement aurait trouvé un point d'appui en s'étayant sur les résultats remarquables que vous avez obtenus. C'est donc avec empressement que je saisis l'occasion que vous m'offrez de pouvoir lire l'article où M. Chevreul a exposé votre méthode, et que je viens vous prier de vouloir bien me l'adresser. »

N° 14. — Département de l'Aube.

« Désirant mettre à profit votre méthode pour la création si avantageuse des prairies pouvant se passer d'irrigations, je viens vous prier de me faire adresser, aussitôt qu'il sera possible, la brochure que vous vous proposez de faire paraître sur les prairies.

» En me conformant à vos instructions, je trouverai dans ma contrée, n'en doute pas, plus d'un imitateur reconnaissant, comme moi, du service signalé que vous aurez rendu à l'agriculture. »

N° 15. — Département de l'Isère.

« Comme instituteur, je viens vous prier de vouloir bien me comprendre pour dix exemplaires de votre brochure sur votre méthode de culture des prairies. Lorsque je l'aurai examinée, je pourrai vous en demander de nouveau, comme secrétaire de Comice. »

N° 16. — Département de Saône-et-Loire.

« Votre idée d'une ferme expérimentale par département pourrait seule éclairer assez pour décider beaucoup de propriétaires à vous suivre dans l'heureuse voie que vos travaux et votre expérience vous ont indiquée. Il est fâcheux que M. Lecouteux n'ait pas compris les choses comme MM. Bourgeois, Pépin et Chevreul, et que son regrettable procédé tende à priver les amis du progrès agricole de l'expérimentation d'un système, nouveau pour une partie, rendu plus pratique pour l'autre; certainement la France en eût profité. Toutefois vous avez fait un grand pas, ne vous rebutez pas; cherchez et vous trouverez dans beaucoup de départements de riches propriétaires qui s'entendront facilement avec vous pour les expériences nécessaires. Si vous venez en Saône-et-Loire, je vous offre de venir vous reposer chez moi quelques jours, et probablement je pourrais vous faciliter d'expérimenter dans ce département. »

N° 17. — Département d'Indre-et-Loire.

« J'ai l'honneur de vous demander une de vos brochures qui puisse m'expliquer votre système pour faire des prairies dans les terres riches.

» J'habite une propriété en Touraine, dont les terres sont bonnes; seulement je manque complétement d'eau pour pouvoir irriguer des prairies. Ce serait une vraie fortune pour le pays si je pouvais réussir à en faire en employant votre système. »

N° 18. — Département de la Côte-d'Or.

« Je viens de lire avec le plus vif intérêt votre brochure traitant votre nouvelle méthode de culture.

» Vous nous promettez de faire paraître une nouvelle brochure prochainement, soyez assez bon pour me l'envoyer. »

N° 19. — Département de Maine-et-Loire.

« Depuis quinze ans je conserve un numéro de journal où l'on faisait connaître votre nouvelle méthode pour créer des prairies. J'en ai été très-frappé, et comptais toujours aller visiter vos exploitations. Diverses circonstances m'en ont empêché jusqu'ici. La *Gazette des Campagnes* du 5 octobre dernier me dit qu'on peut s'adresser à vous, soit pour des conseils, soit pour un essai; je saisis avec empressement ce moyen de réaliser un désir qui ne m'a jamais quitté, et viens vous décrire ma terre et répondre, j'espère, aux questions que vous faites d'après ce journal. Ma terre se compose de 128 hectares, etc., etc. »

N° 20. — Département de la Drôme.

(Lettre d'un agriculteur, qui depuis vingt ans s'occupe de prairies).

N° 21. Département de la Meuse.

« J'ai vu sur *l'Echo agricole*, auquel je suis abonné, que vous aviez écrit une brochure résumant une nouvelle méthode de culture que vous mettiez en pratique lorsque vous étiez agriculteur; vous avez, monsieur, par ce moyen, rendu un vrai service à l'agriculture, car bien peu d'hommes pratiques, tels que vous, possédant de bonnes méthodes, se donnent la peine de les faire connaître. »

N° 22. — Département du Cher.

Lettre d'un agriculteur qui a obtenu la grande médaille d'or.

« J'ai lu, hier, dans le dernier numéro du *Journal d'Agriculture pratique*, de M. Lecouteux, qui m'est tombé par hasard dans les mains, une lettre de vous, annonçant l'intention de faire expérimenter, dans diverses régions de la France, votre système de création et d'amélioration de prairies naturelles, et je viens, avec empressement, mettre ma propriété, et moi-même, à votre disposition.

» Jusqu'à ce jour je suis resté étranger à vos travaux, et je n'en ai su quelque chose que par des articles assez superficiels publiés dans les journaux agricoles de MM. Barral et Hervé, que je reçois; mais la guerre qui semble vous être faite m'intéressait d'autant plus à votre succès, que le but que vous vous êtes proposé a été également celui de toute ma vie agricole.

» Au concours régional qui s'est tenu à Bourges en 1870, la grande médaille d'or, pour la prime d'honneur, m'a été décernée pour la tenue générale de mon exploitation, et la création de nombreuses prairies; c'est donc à titre de confraternité que je m'adresse à vous. »

NOTA. Prendre aussi connaissance de la lettre n° 33, il y a plusieurs offres semblables parmi les lettres qui se trouvent au dossier.

N° 23. — Département du Loiret.

(Lettre du directeur du domaine royal de Tréverwey (Belgique), associé à son frère pour l'exploitation d'une terre dans le Loiret, où ils ont obtenu une grande médaille d'or.)

N° 24. — Département de l'Oise.

(Lettre que je soumets également à l'appréciation de mes lecteurs. Son auteur est un propriétaire grand agriculteur. Il fait valoir depuis quarante ans, et exploite dans ce moment, une terre de 318 hectares.)

N° 25. — Département de l'Ariége.

(Lettre de M. le Président de la Société d'agriculture dudit département.)

N° 26. — Département des Côtes-du-Nord.

« J'ai lu avec le plus vif intérêt votre méthode de culture, j'y ai vu une œuvre parfaitement mûrie et de la plus haute utilité.

» Et si vous me le permettez, monsieur, je serais fort désireux de me mettre en rapport avec vous. »

(Ce propriétaire est venu me consulter. Il possède *trente fermes*
Prendre communication de sa lettre.)

N° 27. — Département de la Drôme.

« Je vous remercie de l'envoi de votre brochure, que j'ai reçue et
lue avec la plus grande attention. Votre idée, monsieur, est vraie et
très-pratique, quoique puissent en dire vos cultivateurs de bureau.

» Cultivant moi-même, et en partie par mes soins, mon petit domaine, et plus versé dans la pratique vraie que dans la théorie souvent
trompeuse, j'espère bien tirer bon parti de votre méthode, etc., etc. »

N° 28. — Département de la Haute-Loire.

« Le comice agricole de Brioude a reçu la brochure dont vous lui
avez fait hommage; nous la communiquerons à la première réunion
de la Société de viticulture. Je viens aujourd'hui, monsieur, vous prier
d'adresser à la Société de viticulture votre brochure qui traite des prairies, et prendre note de nous adresser, aussitôt que vous le pourrez, la
brochure que vous vous proposez de faire pour la vigne. »

N° 29. — Département du Puy-de-Dôme.

(La terre dont parle la lettre n° 29 ne produit que de 8 à 12 hectolitres de seigle à l'hectare. Le propriétaire de ce domaine est venu me
consulter au sujet de son amélioration, et j'ai accepté de la diriger en
raison des difficultés qu'elle présente.)

N° 30. — Département de l'Aude.

« Je viens de lire avec le plus grand intérêt, et j'ajouterai avec tris-
tesse, la polémique que vous soutenez contre le rédacteur en chef du
Journal de l'Agriculture pratique. Quoique peu versé dans les questions
agricoles, et par conséquent peu compétent, je ne comprends pas que,
dans une question capitale pour notre pauvre France, la critique puisse
être aussi acerbe. Au lieu de jeter le découragement, ne serait-ce pas
plus convenable, et surtout plus patriotique, de pousser à toute expérience? etc., etc. »

N° 31. — Département de la Haute-Vienne.

(Lettre sur le même sujet.)

N° 32. — Département de Saône-et-Loire.

(Idem. Même sujet.)

N° 33.— Département de l'Isère.

« Dès que j'ai eu premier vent de vos *procédés de culture* pour établir des *prairies naturelles sur terres de toutes natures* (titre qui m'a frappé et intéressé personnellement), je me suis immédiatement procuré votre brochure.

» Je l'ai lue et relue avec une vive satisfaction, et, malgré que je l'aie assez bien comprise, il me reste néanmoins à m'adresser à votre obligeance pour la solution de certains cas exceptionnels de terrains, relatifs à ma propriété, pour lesquels j'aurais besoin de quelques conseils pratiques.

» Avant tout, je dois vous dire que, bien que je sois dans l'enseignement, je me suis constamment occupé d'agriculture avec certain succès, et, pour ma part, j'ai, comme vous, Monsieur, toujours considéré la prairie comme la pièce glorieuse d'un domaine, et, par suite, les fourrages comme étant la base de tout bon système de culture, principes que j'ai toujours proclamés, enseignés et pratiqués ; seulement, je n'ai pu découvrir les moyens que vous indiquez pour la création sur *toutes terres de bonnes prairies naturelles*, non arrosées.

» Je vous proposerais ma propriété, comme champ d'épreuves et d'applications agricoles pour le département de l'Isère, si le ministre e l'Agriculture pouvait entrer dans vos vues et désirs exprimés dans otre brochure.

» Par sa situation, ma propriété, de la contenance de 55 hectares d'un seul tenant, se trouve dans un milieu en fait de climat ; j'y cultive 3 hectares de vignes, exposition par excellence. »

Nota. La lettre étant très-détaillée, je ne donne communication que de ces deux parties. Elle est au dossier.

N° 34.

SOCIÉTÉ D'EMULATION
du département des Vosges.

Séance du 21 mars 1872.

M. Charton donne lecture de son rapport sur la brochure de M. Goetz, agriculteur alsacien, intitulée : Procédés de culture, etc. La base de ces procédés de culture et d'améliorations consiste dans la création, sur toutes sortes de terres, de prairies de première qualité et du plus grand rapport, et cela par les engrais et sans irrigations, M. Goetz est arrivé, pour un prix de revient minime, à un rendement moyen de 2,000 bottes de foin par hectare, ce qui lui permet d'entretenir, par hectare, deux fortes bêtes à cornes. M. Goetz désire que son système soit répandu et mis à l'essai partout, et qu'on lui fasse part des observations auxquelles l'application pourrait donner lieu. M. Charton demande alors que la brochure soit communiquée à ceux d'entre nos collègues qui s'occupent plus spécialement de travaux agricoles, en les priant d'expérimenter et de nous rendre compte de leurs essais. Le travail de M. Goetz et le rapport de M. Charton sont, dans ce but, renvoyés à M. Houberdon.

N° 35. — Rapport de M. Houberdon, après expérimentation.

Messieurs,

Si j'ai tardé aussi longtemps avant de vous donner mon opinion sur la méthode de culture des prairies artificielles de M. Goetz, c'est que je tenais à constater le résultat qu'on peut obtenir en l'appliquant dans les terres de ce pays.

Je fournirai non-seulement mes expériences personnelles, mais encore celles de mes concitoyens qui se sont le plus rapprochés des moyens indiqués dans la brochure de ce savant.

Quoique, bien avant M. Goetz, plusieurs agronomes distingués aient déjà attribué au défoncement ces récoltes prodigieuses de fourrages artificiels, il n'en est aucun à ma connaissance qui ait vulgarisé ce procédé par lequel se sont enrichis ceux qui l'ont employé.

Le premier moyen indiqué par l'auteur c'est le bon assolement.

A ce sujet, j'ai toujours remarqué que les différents assolements en usage dans mon canton, prouvent, par la différence même des produits, la supériorité des bonnes méthodes.

Voici l'assolement le plus commun :

Première année. Pomme de terre comme plantes industrielles.

2°   —   Blé seigle ou méteil avec fumure.

3°   —   Avoine.

4°   —   Trèfle.

Pour ces quatre années il n'y a qu'une fumure; il est aisé de comprendre que les deux céréales ont presque épuisé totalement l'engrais au préjudice du trèfle, et l'on ne doit pas s'étonner si le trèfle ne vient plus.

Voici l'assolement que j'ai adopté de préférence et qui est assez en harmonie avec la méthode de M. Goetz :

Première année. Betteraves ou pommes de terre avec fumure.

2e — Blé avec engrais tels que cendres ou poudrette.

3e — Trèfle.

4e — Avoine.

Les plantes sarclées qui occupent la tête de mon assolement reçoivent trois labours successifs avec le heurtoir; la second culture surtout est un labour de défoncement.

Quoique ces racines aient enlevé environ les 2/3 de la fumure, avec 60 hectolitres de cendres par hectare, je suis sûr d'obtenir un blé magnifique.

Au moment où les dernières neiges couvrent encore la terre, vers la fin de février, je sème un mélange de trèfle, lupuline et raygrass dans les proportions suivantes :

Trèfle.	12 kil.	
Lupuline.	5 kil.	à l'hectare.
Raygrass.	7 kil.	

En 1871, j'obtenais ainsi une forte coupe de fourrage, deux mois après la moisson du blé.

La récolte de l'année suivante me fit comprendre que les chiffres de M. Goetz ne sont point exagérés : 13,000 kil. de fourrage sec à l'hectare.

J'estime qu'avec ce dernier assolement, on peut facilement entretenir en bon état une tête de bétail par hectare, tandis qu'en suivant le premier assolement on peut à peine en nourrir une dans deux hectares.

Je suis étonné que l'auteur du nouveau procédé de culture ait négligé de parler des racines fourragères qui, en Angleterre, jouent un si grand rôle dans l'engraissement du bétail.

La culture du navet ou turneps a donné dans ce pays de fabuleux resultats.

J'insiste sur ce point; car chaque fois que j'ai vu entrer dans la ration quotidienne des bêtes bovines une forte proportion de racines, j'ai vu faire de la viande plus vite et à meilleur marché. La variété des mets dans le repas de tous les animaux provoque leur appétit et les pousse à l'engraissement.

Quant à la production des fumiers, je suis certain qu'un bœuf en stabulation dont les racines feraient la moitié de la nourriture, produirait le double d'engrais, en tenant compte de l'engrais liquide.

J'arrive aux moyens d'assainissement et à la manière d'utiliser les eaux pluviales.

J'approuve la méthode, car elle produit un double effet. J'ai pu souvent juger de la richesse des eaux pluviales à côté des eaux des sources naturelles. Ces dernières ne faisaient souvent produire que des joncs et autres plantes aquatiques.

En résumé, ce qui constitue le grand mérite de M. Goetz, c'est :

1° De pratiquer le défoncement d'une manière économique au moyen d'une charrue fouilleuse, et par conséquent de mettre les plantes à l'abri d'une grande sécheresse;

2° De rendre à la prairie, en commençant, tout le fumier des bêtes qu'elles a nourries; ce qui pousse naturellement à la culture intensive;

3° D'utiliser les eaux de drainage tout en assainissant les propriétés;

4° De pouvoir livrer du foin de meilleure qualité et à des prix inférieurs;

5° D'arriver progressivement à augmenter le prix de location.

Néanmoins, pour arriver à ce but, je crois que dans les terrains du canton de Xertigny et les environs, il est nécessaire de faire marcher de pair la culture des racines fourragères et celle des prairies artificielles.

Ch. HOUBERDON
Cultivateur à Uzemain.

OBSERVATION

M. Houberdon n'avait pas à sa disposition les documents qui lui eussent permis de mieux juger de ma méthode. J'ignorais que la société d'émulation d'Épinal la faisait expérimenter, — sans quoi je lui eusse fait part de la présente brochure.

Le point essentiel de ce rapport — c'est que sans connaître ma méthode entière— M. Houberdon en signale d'avance les bons principes dans son rapport.

N° 36. — Département de la Marne.

Conformément à votre lettre du 11 mai, j'ai fait faucher un are de mes semis; cet are m'a rendu 250 kil. verts, soit 25,000 kil. par hectare.

Les contre-temps ne m'ont pas permis de faire sécher l'herbe coupée, mais en supposant que 5 kil. d'herbe verte donnent 1 kil. 1/2 de foin sec, cela me ferait un rendement de 75 kil. par are ou 7500 k. par hectare. Je crois être dans le vrai en admettant ces chiffres.

Je le saurai positivement, car, aussitôt qu'il fera des temps convenables, j'en ferai sécher pour expérience.

Je crois que ceux qui verront ce rendement en herbe, sachant qu'elle a été semée le 23 septembre 1873, et que, pendant 21 jours du mois de mai, il a gelé tous les matins, seront émerveillés d'un rendement semblable, et dès aujourd'hui les cultivateurs du pays commencent à réfléchir en attendant la fin de l'expérience.

Je ferai ce qui dépendra de moi pour en assurer le succès.

Voir, pour la rectification de ce produit, la correspondance qui est au dossier. Elle confirme les produits indiqués dans la Communication à l'Assemblée nationale, c'est-à-dire : — 1re expérience produite de deux coupes dans la proportion de 8,350 kil. à l'hectare.

2me expérience, id., 9,000 kil.

Au 10 août, l'herbe de la 3me coupe mesurait 30 c., elle était d'un vert très-foncé, et annonçait une pousse très-vigoureuse.

COMMISSION
DES PÉTITIONS
—
N° 2577

COPIE
Transmise à M. Goetz.

CONSEIL D'ÉTAT

Paris, le 28 février 1856.

MONSIEUR LE MINISTRE,

La Commission des Pétitions que je préside, après avoir pris connaissance de la demande du sieur Goetz, à l'effet d'obtenir de S. M. qu'elle veuille bien ordonner qu'une Commission spéciale examinât, dans l'intérêt général de l'agriculture, l'importance des résultats obtenus, par suite de ses travaux dans le Loiret, a pensé que cette demande était digne de l'attention particulière de Votre Excellence. Le pétitionnaire, en effet, n'établit point son système d'améliorations agricoles sur des hypothèses à réaliser, il le prouve par l'application qu'il en a faite et qui a été couronnée de succès. Il ajoute que les conséquences de son mode de culture sont l'augmentation, à bon compte, de la production de la viande et du laitage, et, par suite, la diminution successive et proportionnelle du prix des denrées alimentaires. Sans rien préjuger du mérite du système d'exploitation du sieur Goetz, qu'elle abandonne à votre haute appréciation, la Commission des Pétitions, toutefois, prenant en considération le témoignage favorable de M. le Conseiller d'Etat Dubessey, ancien préfet du Loiret, croit devoir appeler votre intérêt, monsieur le Ministre, sur des expériences constatées, auxquelles la vulgarisation pourrait peut-être donner un jour le caractère d'utilité générale.

J'ai donc l'honneur de renvoyer à l'examen de Votre Excellence la pétition du sieur Goetz.

Agréez, monsieur le Ministre, l'assurance de ma plus haute considération.

Le Président de la Commission des Pétitions,

(Signature illisible.)

S. Ex. Monsieur le Ministre de l'Agriculture, du Commerce et des Travaux publics.

LISTE DES JOURNAUX

—

L'Agriculture, par M. Barral.

La Gazette des Campagnes, par M. Hervé.

L'Agriculture progressive, par M. Vianne.

Revue d'Économie rurale, par M. de la Valette.

L'Écho des Halles, par M. Guézou-Duval.

Journal de Paris, par M. Marion, ancien agriculteur.

Les Mondes, par M. l'abbé Moigno.

La Presse, par la Rédaction.

Le Bien Public, par la Rédaction.

L'Opinion nationale, par M. Barral.

LETTRES DE L'ÉTRANGER.

Je donne copie de trois lettres. Quelques autres lettres importantes se trouvent au dossier, ainsi que des commandes faites par des libraires-commissionnaires : total, 110.

Elles proviennent des États suivants : Hollande, — Belgique, — Suisse, — Suède, — Autriche, — Russie, — Italie, — Espagne, — Amérique, — Saxe, — Angleterre.

La lettre par laquelle M. l'Ambassadeur d'Espagne a demandé dix exemplaires, a été égarée.

Nota. Par la production de ces lettres et des communications qui précèdent, — mon intention est de poser le fruit des travaux de ma vie entière, — non comme une question agricole, — mais bien comme constituant une question humanitaire par ses résultats. — J'en abandonne l'appréciation *aux hommes de bien de tous les pays*, sous la déclaration formelle : — que je ne redoute aucun débat, mais à la condition qu'on y traitera loyalement de mes principes de culture. J'ai été trop longtemps la victime d'indignes machinations occultes, — pour pouvoir espérer que, au cas échéant, on considérera mes communications à ce sujet, — comme un droit de légitime défense.

SECTION D'INDUSTRIE
ET D'AGRICULTURE.

PALAIS ÉLECTORAL.

Genève, le 20 juin 1872.

INSTITUT NATIONAL GENÉVOIS

Monsieur,

Je suis chargé par la Section d'Industrie et d'Agriculture de notre intitut Genévois, de vous demander s'il vous serait possible de disposer en notre faveur de la collection des brochures que vous avez publiées et dont la liste plus ou moins complète se trouve dans le n° 154 du *Journal d'Agriculture* de M. Barral.

Notre président, M. L. Archinard, est partisan d'un système d'amélioration agricole qu'il croit se rapprocher beaucoup du vôtre, et il désirerait nous faire une communication sur ce sujet en s'appuyant sur votre manière de voir et surtout sur ce que vous avez développé dans vos premières publications.

Nous serons très-heureux, Monsieur, si vous accédez à notre demande et surtout si vous pouvez nous donner quelques indications supplémentaires.

Veuillez agréer, Monsieur, avec nos remerciments anticipés, l'assusurance de notre haute considération.

Ch. Menu.
Secrétaire.

A Monsieur Goetz, agronome.

La Haye, 18 décembre 1871.

Monsieur,

Par les soins de Monsieur le Ministre des Pays-Bas à Paris, je viens de recevoir trente exemplaires de votre estimable travail « *Procédés de culture basés sur des expériences faites en grand,* » etc... dont j'ai pris connaissance avec un vif intérêt.

Ces exemplaires sont distribués à diverses sociétés d'Agriculture, conformément au désir exprimé dans votre lettre d'envoi au ministre; ils sont accompagnés d'une copie de cette lettre.

Veuillez agréer, Monsieur, mes remerciments sincères pour votre généreuse offre ; j'y joins le témoignage de ma sympathie pour votre noble démarche en faveur de l'Agriculture, et l'assurance de ma considération distingué.

Le Ministre d'État et de l'Intérieur.

(Signature illisible.)

AMBASSADE D'AUTRICHE

Monsieur,

Je suis chargé de vous exprimer tous les remerciments. de M. le Ministre I¹ et R¹ de l'Agriculture pour l'exemplaire de vos « *Procédés de culture* » que vous avez bien voulu mettre à sa disposition.

Profitant de votre obligeante offre, le Ministre vous serait en outre très-reconnaissant, si vous vouliez bien, par mon entremise, lui envoyer encore vingt-cinq exemplaires de cet int   essant travail pour être distribués à différentes Sociétés d'Agriculture.

Veuillez recevoir, Monsieur, l'assurance de ma parfaite considération.

Le chargé d'affaires d'Autriche-Hongrie.

Comte HOGON

Paris le 22 décembre 1871.